上海市工程建设规范

土体硬化剂应用技术标准

Technical standard for application of soil hardening agent

DG/TJ 08—2082—2023
J 11831—2023

主编单位：上海市建筑科学研究院有限公司
　　　　　上海宝钢新型建材科技有限公司
　　　　　上海强劲地基工程股份有限公司
批准部门：上海市住房和城乡建设管理委员会
施行日期：2023 年 6 月 1 日

同济大学出版社

2023　上海

图书在版编目(CIP)数据

土体硬化剂应用技术标准/上海市建筑科学研究院有限公司,上海宝钢新型建材科技有限公司,上海强劲地基工程股份有限公司主编.—上海:同济大学出版社,2023.5

ISBN 978-7-5765-0835-2

Ⅰ.①土… Ⅱ.①上…②上…③上… Ⅲ.①土体-硬化-技术标准-上海 Ⅳ.①TU43-65

中国国家版本馆 CIP 数据核字(2023)第 080627 号

土体硬化剂应用技术标准

上海市建筑科学研究院有限公司
上海宝钢新型建材科技有限公司　主编
上海强劲地基工程股份有限公司

责任编辑　朱　勇
责任校对　徐春莲
封面设计　陈益平

出版发行　同济大学出版社　www.tongjipress.com.cn
　　　　　(地址:上海市四平路1239号　邮编:200092　电话:021-65985622)

经　　销　全国各地新华书店
印　　刷　浦江求真印务有限公司
开　　本　889mm×1194mm　1/32
印　　张　3.375
字　　数　91 000
版　　次　2023年5月第1版
印　　次　2023年5月第1次印刷
书　　号　ISBN 978-7-5765-0835-2
定　　价　40.00元

本书若有印装质量问题,请向本社发行部调换　　版权所有　侵权必究

上海市住房和城乡建设管理委员会文件

沪建标定〔2023〕26号

上海市住房和城乡建设管理委员会 关于批准《土体硬化剂应用技术标准》 为上海市工程建设规范的通知

各有关单位：

由上海市建筑科学研究院有限公司、上海宝钢新型建材科技有限公司、上海强劲地基工程股份有限公司主编的《土体硬化剂应用技术标准》，经我委审核，现批准为上海市工程建设规范，统一编号为DG/TJ 08—2082—2023，自2023年6月1日起实施。原《GS土体硬化剂应用技术规程》DG/TJ 08—2082—2017同时废止。

本标准由上海市住房和城乡建设管理委员会负责管理，上海市建筑科学研究院有限公司负责解释。

上海市住房和城乡建设管理委员会
2023年1月17日

前　言

为进一步规范土体硬化剂的工程应用,根据上海市住房和城乡建设管理委员会《关于印发〈2021年上海市工程建设规范、建筑标准设计编制计划〉的通知》(沪建标定〔2020〕771号),由上海市建筑科学研究院有限公司会同上海宝钢新型建材科技有限公司、上海强劲地基工程股份有限公司等单位对《GS土体硬化剂应用技术规程》DG/TJ 08—2082—2017进行修订。编制组在总结试验研究成果和工程实践经验,参考国内外相关标准,并广泛征求意见的基础上,经过反复讨论和试验验证,完成了修订工作。

本标准的主要内容有:总则;术语;基本规定;土体硬化剂;设计;施工;质量检验。

本次修订的主要内容有:

1. 将标准更名为《土体硬化剂应用技术标准》。

2. 修订了术语、基本规定、分类和标记、工艺指标、可浸出重金属含量的检测项目和试验方法。

3. 新增了土体硬化剂的原材料要求、土体硬化剂在路基工程中的应用、加固土立方体抗压强度要求等相关规定。

4. 删除了附录。

各单位及相关人员在执行本标准过程中,如有意见和建议,请反馈至上海市住房和城乡建设管理委员会(地址:上海市大沽路100号;邮编:200003;E-mail:shjsbzgl@163.com),上海市建筑科学研究院有限公司(地址:上海市申富路568号;邮编:201108;E-mail:liyang@sribs.com),上海市建筑建材业市场管理总站(地址:上海市小木桥路683号;邮编:200032;E-mail:shgcbz@163.com),以供今后修订时参考。

主编单位:	上海市建筑科学研究院有限公司
	上海宝钢新型建材科技有限公司
	上海强劲地基工程股份有限公司
参编单位:	上海城建物资有限公司
	上海市政工程设计研究总院(集团)有限公司
	上海德农材料科技有限公司
	同济大学
	上海美创建筑材料有限公司
	上海山南勘测设计有限公司
	城地建设集团有限公司
	上海华奔岩土科技发展有限公司
	上海建工集团工程研究总院
	上海伟一建设工程有限公司
	上海申元岩土工程有限公司
	上海漕源建材贸易有限公司
	上海善于建筑科技有限公司
	北京工业大学

主要起草人:	李　阳	张沈裔	刘全林	叶观宝	郑晓光
	单卫良	李欢欢	曹黎颖	韩云婷	张　惠
	张　宁	司家宁	戴生良	陈向军	徐　凯
	李世龙	庞　敏	贡红梅	周玉石	魏　祥
	钟　铮	单永华	刘玉林	韦　正	李忠诚
	贺　翀	水亮亮	吴立报	周鹓鸣	周永祥
	林　巧	张竹庭	胡铁楼	翟杰群	张　振
	刘斐然	黄　海	龙广昕	张婷婷	刘全贵
	王　坚	范君宇			
主要审查人:	许丽萍	张中杰	李耀良	张冠军	施惠生
	贺鸿珠	刘卫东			

上海市建筑建材业市场管理总站

目　次

1 总　则 ·· 1
2 术　语 ·· 2
3 基本规定 ·· 5
4 土体硬化剂 ·· 6
   4.1 一般规定 ·· 6
   4.2 原材料要求 ·· 6
   4.3 技术要求 ·· 7
   4.4 检验要求 ·· 9
5 设　计 ·· 11
   5.1 基坑工程和地基处理 ·· 11
   5.2 路基工程 ·· 12
6 施　工 ·· 14
   6.1 基坑工程和地基处理 ·· 14
   6.2 路基工程 ·· 15
7 质量检验 ·· 17
   7.1 基坑工程和地基处理 ·· 17
   7.2 路基工程 ·· 18
本标准用词说明 ·· 20
引用标准名录 ··· 21
条文说明 ·· 23

Contents

1 General provisions ································· 1
2 Terms ··· 2
3 Basic requirements ································ 5
4 Soil hardening agent ······························ 6
    4.1 General provisions ························· 6
    4.2 Raw materials requirements ················ 6
    4.3 Technical requirements ····················· 7
    4.4 Inspection requirements ···················· 9
5 Design ·· 11
    5.1 Excavation engineering and ground treatment ······ 11
    5.2 Subgrade engineering ······················ 12
6 Construction ····································· 14
    6.1 Excavation engineering and ground treatment ······ 14
    6.2 Subgrade engineering ······················ 15
7 Quality inspection ································ 17
    7.1 Excavation engineering and ground treatment ······ 17
    7.2 Subgrade engineering ······················ 18
Explanation of wording in this standard ············ 20
List of quoted standards ··························· 21
Explanation of provisions ·························· 23

1 总　则

1.0.1 为进一步规范土体硬化剂的工程应用，确保技术先进、质量可靠、低碳环保和资源节约，制定本标准。

1.0.2 本标准适用于土体硬化剂在基坑工程、地基处理、路基工程的设计、施工和质量检验。

1.0.3 土体硬化剂的应用除应符合本标准外，尚应符合国家、行业和本市现行有关标准的规定。

2 术 语

2.0.1 土体硬化剂 soil hardening agent

一种以水泥和矿渣粉作为主要原材料,以脱硫灰、工业副产石膏、固废基活性混合材及外加剂等作为辅助材料,采用混合或粉磨工艺制备而成的,可完全代替水泥,专用于处理加固软土及其他细粒类土的一种粉状的水硬性胶凝材料。

2.0.2 脱硫灰 desulfurization ash

在燃煤电厂或钢铁厂的烟气干法脱硫工艺过程中,处于悬浮状态的石灰颗粒与烟气中的二氧化硫、三氧化硫发生反应,由除尘器收集形成的、主要化学成分为亚硫酸钙、硫酸钙、碳酸钙、游离氧化钙和氢氧化钙的一种粉体材料。

2.0.3 工业副产石膏 industrial by-product gypsum

指工业生产中因化学反应而生成的、以二水硫酸钙或无水硫酸钙为主要成分的副产物,又称化学石膏,包括脱硫石膏、磷石膏、钛石膏、氟石膏、模型石膏等。

2.0.4 再生微粉 recycled fine powder

采用废弃混凝土、旧砖瓦等建筑垃圾制备的粒径小于 80 μm 的粉末。

2.0.5 固废基活性混合材料 solid waste based active addition

指列入国家综合利用资源名称目录的、具有一定火山灰活性或潜在水硬性的固废材料,包括粉煤灰、钢渣粉、再生微粉、水泥窑灰、焚烧灰、烟尘灰等。

2.0.6 原状湿土 raw wet soil

指地下天然土经挖掘、取样后,采取密封措施,保持天然含水率的湿土。

2.0.7 土的含水率 moisture content of the soil

水的质量与干土质量比,以百分数表示。

2.0.8 掺量 mixing ratio

掺入的土体硬化剂质量与原状湿土的质量之比,用百分数表示,又称"掺入比"。

2.0.9 水灰比 water-cement ratio

水的质量与土体硬化剂的质量比。

2.0.10 拌合土 mixed soil

土体硬化剂浆液与原状湿土充分拌合,尚未发生物理、化学反应的拌合物。

2.0.11 加固土 reinforced soil

拌合土经过一定养护期后,土体硬化剂自身各组分之间以及与土颗粒之间发生一系列物理、化学反应,土力学性能发生显著改善的土。

2.0.12 加固土立方体抗压强度 cube compressive strength of reinforced soil

按照现行行业标准《建筑砂浆基本性能试验方法标准》JGJ/T 70 进行加固土室内试验,土体硬化剂浆液与原状湿土搅拌成稠度为 60 mm～90 mm 的拌合土,将拌合土成型 70.7 mm×70.7 mm×70.7 mm 立方体试块,养护至规定龄期时测得的抗压强度。

2.0.13 加固土桩 reinforced soil pile

将土体硬化剂拌制成浆液,采用深层搅拌法或高压喷射注浆搅拌法,将浆液与原位湿土进行搅拌,使原位湿土硬化成具有连续性、抗渗性和达到设计强度的桩体。

2.0.14 工程渣土 waste soil

新建、改建、扩建的工程建设过程中,以及建筑物、构筑物、管网等工程的修缮和拆除过程中产生的弃土。

2.0.15 基土 original soil

经物理或化学方法处理后,能够满足路用要求的工程渣土。

2.0.16 稳定土 stabilized soil

采用厂拌法或路拌法,将土体硬化剂粉体与基土按比例均匀拌合而成、用于路基填筑的混合料。

3 基本规定

3.0.1 土体硬化剂的制备应兼顾施工性能、加固土强度和资源综合利用。

3.0.2 土体硬化剂适用于处理加固黏性土、粉性土和砂土。当处理加固有机质含量大于10%的土时,应通过试验来验证土体硬化剂的适用性。

3.0.3 土体硬化剂的工艺指标应符合浆液拌制和泵送、浆液与原位土搅拌、相邻搅拌桩搭接、型钢或预制桩插入等施工工艺要求。施工时,土体硬化剂浆液或粉体应与土体充分搅拌均匀,应符合深层搅拌法、高压喷射注浆法、稳定土的施工技术规范要求。

4 土体硬化剂

4.1 一般规定

4.1.1 根据加固土立方体抗压强度,土体硬化剂可分为1.0、2.0和3.0三个强度等级,以及普通型和早强型两个型号,其中早强型以"R"来标记,普通型不作标记。

4.1.2 土体硬化剂应以强度等级、型号、产品名称的符号和文字组合标记。

示例:2.0R 土体硬化剂表示强度等级为2.0、型号为早强型的土体硬化剂。

4.1.3 土体硬化剂的强度指标可采用胶砂抗压强度或加固土立方体抗压强度中的一项。有争议时,应采用加固土立方体抗压强度。

4.2 原材料要求

4.2.1 水泥应符合现行国家标准《通用硅酸盐水泥》GB 175 的规定,强度等级达到42.5及以上。

4.2.2 矿渣粉应符合现行国家标准《用于水泥、砂浆和混凝土中的粒化高炉矿渣粉》GB/T 18046 规定的S95及以上。

4.2.3 脱硫灰的$CaSO_3$和$CaSO_4$的含量合计宜为30%~70%,附着水含量不应大于1%,需水量比不应大于115%。

4.2.4 工业副产石膏应符合现行国家标准《用于水泥中的工业副产石膏》GB/T 21371 的要求,$CaSO_4$含量不应小于75%,附着水含量不应大于15%。

4.2.5 固废基活性混合材料应符合下列要求:

    1 粉煤灰应符合现行国家标准《用于水泥和混凝土中的粉

煤灰》GB/T 1596 规定的Ⅱ级及以上的要求。

  2 钢渣粉应符合现行国家标准《用于水泥和混凝土中的钢渣粉》GB/T 20491 规定的二级及以上的要求。

  3 再生微粉应符合现行行业标准《混凝土和砂浆用再生微粉》JG/T 573 规定的Ⅱ级及以上的要求。

  4 水泥窑灰、焚烧灰、烟尘灰等活性混合材应符合现行国家标准《用于水泥中的火山灰质混合材料》GB/T 2847 的要求，附着水含量不应大于1%，80 μm 方孔筛筛余不应大于30%，强度活性指数不应小于65%，需水量比不应大于115%。

4.2.6 脱硫灰、工业副产石膏、固废基活性混合材应符合现行国家标准《一般工业固体废物贮存和填埋污染控制标准》GB 18599 规定的要求。

4.2.7 外加剂应符合现行国家标准《混凝土外加剂》GB 8076 的规定。

4.3 技术要求

4.3.1 土体硬化剂的工艺指标应符合表 4.3.1 的规定。

表 4.3.1 工艺指标

项目		指标	试验方法
细度(80 μm 方孔筛筛余)(%)		≤20	GB/T 1345
密度(g/cm³)		≥2.5	GB/T 208
凝结时间	初凝(min)	≥45	GB/T 1346
	终凝(h)	≤48	
净浆流动度(mm)	初始	≥100	GB/T 8077
	60 min	≥80	

注：进行净浆流动度试验时，应符合下列要求：
 1 称取土体硬化剂 600 g，倒入搅拌锅内，加入 360 g 水，搅拌 3 min。
 2 搅拌完成后，立即按现行国家标准《混凝土外加剂匀质性试验方法》GB/T 8077 要求，测定初始净浆流动度。
 3 剩余浆体用保鲜袋密封放入标准养护箱中，静置 60 min 后取出，搅拌 1 min，按现行国家标准《混凝土外加剂匀质性试验方法》GB/T 8077 要求，测定 60 min 净浆流动度。

4.3.2 土体硬化剂的胶砂抗压强度应符合表 4.3.2 的规定。

表 4.3.2 胶砂抗压强度

项目		指标	试验方法
胶砂抗压强度 （MPa）	7 d	≥17.0	GB/T 17671
	28 d	≥32.5	

4.3.3 土体硬化剂的加固土立方体抗压强度应符合表 4.3.3 的规定。

表 4.3.3 加固土立方体抗压强度

强度等级	加固土立方体抗压强度（MPa）		试验方法
	7 d	28 d	
1.0	≥0.3	≥1.0	JGJ/T 70
2.0	≥0.6	≥2.0	
3.0	≥0.9	≥3.0	
1.0R	≥0.5	≥1.0	
2.0R	≥1.0	≥2.0	
3.0R	≥1.5	≥3.0	

注：成型加固土立方体抗压强度试块时，应符合下列要求：
1 成型 2～3 组龄期的加固土立方体抗压强度试块，应按照掺量 16%、水灰比 2.0 的配合比，称取 640 g 土体硬化剂、1 280 g 拌合水、4 000 g 原状湿土。原状湿土应采用第④层灰色淤泥质黏土或第⑤层灰色黏土，按照现行国家标准《土工试验方法标准》GB/T 50123 测定，天然含水率应为(46±2)%。
2 土体硬化剂和拌合水应先搅拌 1 min，再将原状湿土掰成约 30 mm 的小块，陆续投入搅拌机，搅拌时间总计不应少于 16 min，直至原状湿土完全分散。
3 拌合土稠度应达到 60 mm～90 mm，方可成型试块。若稠度大于 90 mm，可降低水灰比并保持掺量不变；若稠度小于 60 mm，可提高掺量并保持水灰比不变，进行配合比调整。
4 拌合土应分两层装入有底钢模。用手将试模一边抬高约 30 mm 各振动 5 次。试块抹平后，薄膜覆盖养护，静置 3d 拆模，试块放入水中养护。
5 加固土立方体抗压强度计算公式中的换算系数取 1.0。
6 报告上应注明土体硬化剂掺量、水灰比、原状湿土的土性和天然含水率、拌合土稠度。

4.3.4 土体硬化剂的可浸出重金属含量应符合表 4.3.4 的规定。

表 4.3.4 可浸出重金属含量限值

项目	限值(mg/L)	试验方法
铬(以总 Cr 计)	0.1	GB/T 30810
铜(以总 Cu 计)	1.0	
锌(以总 Zn 计)	1.0	
铅(以总 Pb 计)	0.05	
镉(以总 Cd 计)	0.01	
砷(以总 As 计)	0.05	
汞(以总 Hg 计)	0.001	

4.4 检验要求

4.4.1 批号与取样应符合下列规定：

1 以连续供应的 500 t 产品为一编号，不足 500 t 按一个编号论，每一编号为一取样单位。

2 取样方法按现行国家标准《水泥取样方法》GB 12573 进行。取样应有代表性，可连续取，也可从 10 个以上不同部位取等量样品，总量不应少于 3 kg。

3 必要时可对产品进行随机抽样检验。

4.4.2 土体硬化剂进施工现场时，生产厂家应提供工艺指标、强度指标的试验报告。报告内容还应包括：

1 用户名称。

2 生产厂名。

3 试验报告编号及日期。

4 生产批号和数量。

5 检验结果。

4.4.3 产品宜采用散装罐车运输进场。进场后，施工单位应对产品标识进行检验。产品标识应包括产品名称、强度等级、型号、生产厂名、生产日期和执行标准号。

4.4.4 产品进场后,应委托第三方检测机构对产品进行检验,并留样备查。

4.4.5 检验结果评定应符合下列规定:

  1 符合本标准工艺指标、强度指标的为合格品。

  2 凡不符合本标准工艺指标、强度指标的为不合格品。

4.4.6 根据工程上的要求,生产厂家宜向用户提供下列可选性指标的检测报告:

  1 一年内出具的可浸出重金属含量检测报告。

  2 以加固土抗压强度进行评定的早强型土体硬化剂,2.0R、3.0R 土体硬化剂的 3 d 加固土立方体抗压强度分别不应低于 0.3 MPa、0.5 MPa。

  3 以胶砂抗压强度进行评定的早强型土体硬化剂,3 d、7 d、28 d 胶砂抗压强度分别不应低于 23.0 MPa、35.0 MPa、52.5 MPa。

4.4.7 产品保质期自生产日起为 3 个月。超过存放期限的产品,应按本标准的要求重新检验。

5 设 计

5.1 基坑工程和地基处理

5.1.1 土体硬化剂用于基坑工程和地基处理的设计,应符合现行行业标准《型钢水泥土搅拌墙技术规程》JGJ/T 199 和上海市工程建设规范《基坑工程技术标准》DG/TJ 08—61、《超高压喷射注浆技术标准》DG/TJ 08—2286、《等厚度水泥土搅拌墙技术规程》DG/TJ 08—2248、《五轴水泥土搅拌桩(墙)技术标准》DG/TJ 08—2277、《全方位高压喷射注浆技术标准》DG/TJ 08—2289、《地基处理技术规范》DG/TJ 08—40 的有关规定。

5.1.2 宜采用单轴、双轴、三轴～六轴等深层搅拌法,以及高压喷射注浆搅拌法,将土体硬化剂浆液与原位湿土强制搅拌均匀,形成搅拌桩或旋喷桩。

5.1.3 当加固处理黏性土、粉性土和砂土时,可采用 1.0、1.0R 及以上强度等级的土体硬化剂作为施工材料,取代相同掺量的 P·O42.5 水泥。

5.1.4 在下列情形之一时,宜采用 2.0R 及以上强度等级的土体硬化剂作为施工材料:

1 需要提前开挖的基坑工程。
2 施工场地面积较小,搅拌桩置换土要及时外运的工程。
3 工程抢险。
4 地下水流速较大的工程。

5.1.5 必要时,应采用工程上拟加固土,进行配合比设计试验,确定土体硬化剂的掺量和水灰比。当不具备配合比试验条件时,可按表 5.1.5 进行掺量和水灰比取值。

表 5.1.5 掺量和水灰比参考取值

桩型	水灰比	P·O42.5水泥		1.0土体硬化剂		2.0土体硬化剂	
		掺量	水泥土 28 d强度	掺量	加固土 28 d强度	掺量	加固土 28 d强度
双轴搅拌桩	$W/C=0.8$	13%	0.6 MPa	13%	0.7 MPa	12%	0.8 MPa
双轴搅拌桩	$W/C=0.8$	15%	0.7 MPa	15%	0.9 MPa	14%	1.0 MPa
三轴~六轴搅拌桩	$W/C=1.5\sim2.0$	20%	0.5 MPa	20%	0.7 MPa	18%	1.0 MPa
高压旋喷桩	$W/C=1.0$	20%	0.8 MPa	20%	1.0 MPa	18%	1.0 MPa
		25%	1.0 MPa	25%	1.2 MPa	23%	1.2 MPa

5.2 路基工程

5.2.1 土体硬化剂用于路基工程的设计,应符合现行行业标准《城市道路路基设计规范》CJJ 194 的规定。

5.2.2 制备稳定土时,宜采用 2.0、2.0R 及以上强度等级的土体硬化剂作为固化稳定材料。

5.2.3 稳定土配合比设计试验应按下列步骤进行:

　　1 测定基土的含水率及最佳含水率,当有特殊要求时,增加基土其他相关性能的试验。

　　2 确定土体硬化剂掺量的基准值。在稳定土中,掺量指掺入的土体硬化剂质量与土的干质量之比。

　　3 计算各材料用量。

　　4 进行稳定土试配,并测定 7 d 无侧限抗压强度。

　　5 调整和确定稳定土设计配合比。

5.2.4 稳定土的试配不应少于 3 个配合比,其中一个配合比的掺量应为基准值,其他配合比的掺量宜比基准值分别增加和减少 1%~2%。

5.2.5 应通过击实试验,确定各配合比稳定土的最佳含水率和最大干密度,并应按现行行业标准《公路工程无机结合料稳定材料试验规程》JTG E51 进行试件制备、成型及养护。

5.2.6 应通过根据试配结果选择符合设计要求的配合比。当试配结果不满足设计要求时,应调整配合比,并应重新进行试验。

5.2.7 稳定土的路用性能应符合下列要求:

1 承载比应符合现行行业标准《城市道路路基设计规范》CJJ 194 的规定。承载比的试验方法应按现行行业标准《公路土工试验规程》JTG 3430 执行。

2 7 d 无侧限抗压强度应符合表 5.2.7 的规定。

表 5.2.7 稳定土 7 d 无侧限抗压强度

快速路、主干路	次干路	支路	试验方法
≥0.8	≥0.7	≥0.6	JTG E51

3 加固土路基顶面回弹模量应满足相关规范和设计要求。回弹模量确定方法应符合现行行业标准《城市道路路基设计规范》CJJ 194 的规定。

6 施 工

6.1 基坑工程和地基处理

6.1.1 土体硬化剂用于基坑工程和地基处理的施工,应符合现行行业标准《型钢水泥土搅拌墙技术规程》JGJ/T 199 和上海市工程建设规范《基坑工程技术标准》DG/TJ 08—61、《超高压喷射注浆技术标准》DG/TJ 08—2286、《等厚度水泥土搅拌墙技术规程》DG/TJ 08—2248、《五轴水泥土搅拌桩(墙)技术标准》DG/TJ 08—2277、《全方位高压喷射注浆技术标准》DG/TJ 08—2289、《地基处理技术规范》DG/TJ 08—40 的有关规定。

6.1.2 土体硬化剂进场后,应符合下列规定:

1 应贮存在散装移动筒仓中,筒仓应密闭,且防雨、防潮,不得混入杂物。

2 不同强度等级和型号的产品应贮存于不同筒仓,并做好标记。

6.1.3 施工前,应进行工艺性试桩,拌合土的稠度应符合表 6.1.3 的规定。如稠度不符合要求,应经设计单位认可后方可提高水灰比。

表 6.1.3 拌合土的稠度

桩型	稠度	试验方法
单轴、双轴	30 mm～60 mm	JGJ/T 70
三轴～六轴搅拌桩	60 mm～90 mm	
高压旋喷桩	90 mm～120 mm	

6.1.4 施工时,应测定浆液相对密度。浆液相对密度的试验方法应按现行行业标准《公路桥涵施工技术规范》JTG/T 3650 的

"泥浆相对密度测方法"执行。

6.1.5 施工时,应控制提升速度,并控制灰浆泵压力和喷浆量,以确保整根桩的实际掺量不得低于设计值。深层搅拌法的提升速度宜为 1.0 m/min～2.0 m/min,下沉速度宜为 0.5 m/min～1.0 m/min,钻杆的旋转速度宜为 25 r/min～45.0 r/min;高压喷射注浆法的提升速度宜为 0.05 m/min～0.25 m/min,钻杆的旋转速度宜为 3 r/min～10.0 r/min。

6.1.6 三轴～六轴深层搅拌法相邻桩搭接施工的时间间隔不宜大于 24 h,单轴、双轴搅拌法相邻桩搭接施工的时间间隔不宜大于 12 h。当超过以上规定时间时,搭接施工时应放慢搅拌速度。若无法搭接或搭接不良,应作为冷缝记录在案,并应经设计单位认可后,在搭接处采取补救措施。

6.1.7 施工过程中,宜及时对成桩质量进行取芯试验,桩身完整性、28 d 取芯强度应符合设计要求。

6.2 路基工程

6.2.1 土体硬化剂用于路基工程的施工,应符合现行行业标准《城镇道路工程施工与质量验收规范》CJJ 1 的规定。

6.2.2 用于路基填筑的工程渣土应符合下列要求:

　　1 不得使用成分复杂的地表耕植土、泥炭土、河底淤泥、沼泽土、腐殖质土、重金属污染土。

　　2 不得含草皮、树根及乱石等杂物。

　　3 有机质含量不应大于 10%。

　　4 液限超过 50% 的土不宜使用。

　　5 土粒最大粒径不应大于 15 mm,且大于 10 mm 的土颗粒应小于土总重量的 5%。

6.2.3 可采取下列措施降低工程渣土的含水率,以达到路用要求:

1 在工程渣土中掺加生石灰,拌合闷料。生石灰掺量不应超过5%。

2 必要时进行二次翻拌,闷料。

3 将工程渣土摊薄,通风、翻晒,至含水率满足要求。

4 经技术经济比较,可采用烘干、压滤排水等其他措施降低含水率。

6.2.4 稳定土的制备应采用厂拌工艺。条件受限必须采用路拌时,应符合环保相关要求。

6.2.5 稳定土的拌合应符合下列规定:

1 应选择能够充分拌合、适合基土土质的拌合设备。拌合设备可采用加固土拌合机、强制式拌合机、多向切割搅拌机、冷再生机联合作业机组等。

2 拌合应按稳定土配合比设计确定的材料规格及配比进行。

3 基土应粉碎,最大尺寸不应大于15 mm,防止团块。

4 出厂时稳定土含水率宜比最佳含水率高1%~2%。

5 进入料斗的基土的干湿状态应基本一致。

6.2.6 施工前,应先进行试验路段的施工,以确定松铺厚度、碾压组合和碾压遍数、最佳含水率、压实度等施工工艺参数。试验路段应选择在地质条件、断面型式等具有代表性的路段,路段长度不宜小于100 m,宽度宜与道路设计宽度一致。

6.2.7 稳定土施工时,应符合下列要求:

1 施工工艺流程包括摊铺、碾压、养护。

2 摊铺宜采用推土机配合人工的方式进行。摊铺完成后,应采用振动压路机静压一遍,随即采用平地机进行初平;在直线段,应由两侧向路中心进行刮平;在平曲线段,应由内侧向外侧进行刮平。

3 应在稳定土终凝之前,分层完成碾压,碾压厚度不应大于200 mm。

4 稳定土碾压完成后,保湿养护不应少于7 d。

7 质量检验

7.1 基坑工程和地基处理

7.1.1 土体硬化剂在基坑工程和地基处理的质量检验,应符合现行行业标准《型钢水泥土搅拌墙技术规程》JGJ/T 199 和上海市工程建设规范《基坑工程技术标准》DG/TJ 08—61、《超高压喷射注浆技术标准》DG/TJ 08—2286、《等厚度水泥土搅拌墙技术规程》DG/TJ 08—2248、《五轴水泥土搅拌桩(墙)技术标准》DG/TJ 08—2277、《全方位高压喷射注浆技术标准》DG/TJ 08—2289、《地基处理技术规范》DG/TJ 08—40 的有关规定。

7.1.2 承重加固土桩的成桩质量可采用钻孔取芯、标准贯入、载荷试验等方法进行检验,并符合下列规定:

1 应根据设计要求,进行单桩、单桩复合地基或多桩复合地基静荷载试验。

2 钻孔取芯和荷载试验宜在成桩 28 d 后进行。取芯数量不少于总桩数的 1% 且不少于 3 根。

3 对整根桩进行钻孔取芯,将整根桩等分成上、中、下三段,每段分别制作 1 组试件,每组 3 块。

4 试件高度与直径之比值为 1.0~2.0,可根据试样软硬程度作适当调整,进行无侧限抗压强度试验。

5 应根据试件的高径比,按照公式(7.1.2)对试件的取芯强度 R 进行修正,获得修正后的取芯强度值 R':

$$R' = \beta R \tag{7.1.2}$$

式中:β——高径比修正系数,按表 7.1.2 取插值。

表 7.1.2　高径比修正系数 β

高径比	<0.79	1.11	1.30	1.48	1.67	1.85	2.00
β	0.85	0.89	0.93	0.96	0.97	0.98	1.00

7.1.3 支护、止水加固土桩的成桩质量检验应符合下列规定：

1 宜在成桩 28 d 后进行钻孔取芯试验，取芯数量不少于总桩数的 2% 且不少于 3 根。

2 必要时可进行早期取芯试验，但取芯强度应达到设计要求的 28 d 强度。

3 对于搭接质量和止水效果，可在止水帷幕施工闭合后且达到养护时间要求的条件下，采用坑内降水观察法进行检验。

7.1.4 检验点应优先布置在下列部位：

1 有代表性的桩位。

2 施工中出现异常情况的部位。

3 地基情况复杂、可能对施工质量产生影响的部位。

7.1.5 取芯强度、标准贯入和载荷试验等项目的试验结果应符合设计要求。

7.2　路基工程

7.2.1 稳定土的主控项目应符合下列要求：

1 压实度、承载比、路基顶面弯沉值应符合现行行业标准《城镇道路工程施工与质量验收规范》CJJ 1 的规定。

2 7 d 无侧限抗压强度应符合本标准表 5.2.7 的规定。

7.2.2 稳定土的一般项目的质量检验应符合下列要求：

1 应随机进行抽样检查，检查时施工原始记录应齐全完整。

2 加固土路基结构层应平整、坚实，无明显轮迹、翻浆、波浪、起皮等现象。

3 路堤边坡应密实、稳定、平顺。
4 外形的检查数量与允许偏差应符合现行行业标准《城镇道路工程施工与质量验收规范》CJJ 1 的规定。

本标准用词说明

1 为便于在执行本标准条文时区别对待,对要求严格程度不同的用词说明如下:
  1) 表示很严格,非这样做不可的用词:
     正面词采用"必须";
     反面词采用"严禁"。
  2) 表示严格,在正常情况下均应这样做的用词:
     正面词采用"应";
     反面词采用"不应"或"不得"。
  3) 表示允许稍有选择,在条件许可时首先这样做的用词:
     正面词采用"宜";
     反面词采用"不宜"。
  4) 表示有选择,在一定条件下可以这样做的用词,采用"可"。

2 标准中指定应按其他有关标准、规范执行时,写法为"应符合……的规定"或"应按……执行"。

引用标准名录

1 《通用硅酸盐水泥》GB 175
2 《水泥密度测定方法》GB/T 208
3 《水泥细度检验方法 筛析法》GB/T 1345
4 《水泥标准稠度用水量、凝结时间、安定性检验方法》GB/T 1346
5 《用于水泥和混凝土中的粉煤灰》GB/T 1596
6 《用于水泥中的火山灰质混合材料》GB/T 2847
7 《混凝土外加剂》GB 8076
8 《混凝土外加剂均质性试验方法》GB/T 8077
9 《水泥取样方法》GB 12573
10 《水泥胶砂强度检验方法(ISO法)》GB/T 17671
11 《用于水泥、砂浆和混凝土中的粒化高炉矿渣粉》GB/T 18046
12 《一般工业固体废物贮存和填埋污染控制标准》GB 18599
13 《用于水泥和混凝土中的钢渣粉》GB/T 20491
14 《用于水泥中的工业副产石膏》GB/T 21371
15 《水泥胶砂中可浸出重金属的测定方法》GB/T 30810
16 《土工试验方法标准》GB/T 50123
17 《城镇道路工程施工与质量验收规范》CJJ 1
18 《城市道路路基设计规范》CJJ 194
19 《土壤固化剂应用技术标准》CJJ/T 286
20 《混凝土和砂浆用再生微粉》JG/T 573
21 《混凝土用水标准》JGJ 63

22 《建筑砂浆基本性能试验方法标准》JGJ/T 70
23 《型钢水泥土搅拌墙技术规程》JGJ/T 199
24 《水泥土配合比设计规程》JGJ/T 233
25 《公路土工试验规程》JTG 3430
26 《公路路基施工技术规范》JTG/T 3610
27 《公路工程无机结合料稳定材料试验规程》JTG E51
28 《公路桥涵施工技术规范》JTG/T 3650
29 《地基处理技术规范》DG/TJ 08—40
30 《超高压喷射注浆技术标准》DG/TJ 08—2286
31 《等厚度水泥土搅拌墙技术规程》DG/TJ 08—2248
32 《五轴水泥土搅拌桩(墙)技术标准》DG/TJ 08—2277
33 《全方位高压喷射注浆技术标准》DG/TJ 08—2289

上海市工程建设规范

土体硬化剂应用技术标准

DG/TJ 08—2082—2023
J 11831—2023

条文说明

2023　上海

目　次

1 总　则 …………………………………………………… 27
2 术　语 …………………………………………………… 34
3 基本规定 ………………………………………………… 38
4 土体硬化剂 ……………………………………………… 39
　4.1 一般规定 …………………………………………… 39
　4.2 原材料要求 ………………………………………… 39
　4.3 技术要求 …………………………………………… 41
　4.4 检验要求 …………………………………………… 55
5 设　计 …………………………………………………… 57
　5.1 基坑工程和地基处理 ……………………………… 57
　5.2 路基工程 …………………………………………… 70
6 施　工 …………………………………………………… 75
　6.1 基坑工程和地基处理 ……………………………… 75
　6.2 路基工程 …………………………………………… 76
7 质量检验 ………………………………………………… 78
　7.1 基坑工程和地基处理 ……………………………… 78

Contents

1 General provisions ………………………………………… 27
2 Terms ……………………………………………………… 34
3 Basic requirements ………………………………………… 38
4 Soil hardening agent ……………………………………… 39
   4.1 General provisions ………………………………… 39
   4.2 Raw materials requirements ……………………… 39
   4.3 Technical requirements …………………………… 41
   4.4 Inspection requirements …………………………… 55
5 Design ……………………………………………………… 57
   5.1 Excavation engineering and ground treatment …… 57
   5.2 Subgrade engineering ……………………………… 70
6 Construction ……………………………………………… 75
   6.1 Excavation engineering and ground treatment …… 75
   6.2 Subgrade engineering ……………………………… 76
7 Quality inspection ………………………………………… 78
   7.1 Excavation engineering and ground treatment …… 78

1 总　　则

1.0.1 上海地处长江三角洲入海口东南前缘，浅层沉积有多层厚度较大的软土层，土层强度低，地下水位高，潜水水位埋深为0.3 m～1.5 m，受降雨、潮汛、地表水的影响有所变化，年平均水位埋深0.5 m～0.7 m。地下工程基坑围护进行施工时，通常采用深层搅拌法、高压喷射注浆法等施工工艺，形成临时性的挡土止水墙。这些施工工艺采用P·O42.5水泥作为施工材料，水泥用量大，一般为250 kg/m³～400 kg/m³，施工材料成本较高。然而，三轴～六轴搅拌桩、高压旋喷桩采用的水灰比高达1.5～2.0，在加固天然含水率较高的第④层灰色淤泥质黏土、第⑤层灰色黏土时，桩身的取芯效果往往并不理想。

为此，上海市建筑科学研究院有限公司、上海宝钢新型建材有限公司等单位研发了一种完全取代水泥用于软土加固处理的土体硬化剂。土体硬化剂是一种采用水泥、矿渣粉、脱硫灰、工业副产石膏、固废基活性混合材及外加剂等多种原材料复合制备而成的、专用于处理加固软土及其他细粒类土的一种粉状的水硬性胶凝材料。在基坑工程和地基处理中，采用深层搅拌法或高压喷射注浆搅拌法，将土体硬化剂浆液与原位湿土强制搅拌均匀，形成搅拌桩或旋喷桩；在路基工程中，采用厂拌法或路拌法，将土体硬化剂粉体与基土强制搅拌均匀，制备成稳定土。

近三年共完成60多个土体硬化剂的应用工程案例，2021年生产销售土体硬化剂约20万t，2022年产能上升至100万t，2023年的产能预计将进一步提高。检测结果表明，土体硬化剂加固土强度比水泥土强度高出20%～100%，特别适用于高含水率的饱和淤泥质黏土、灰色黏土，以及三轴～六轴搅拌桩、高压旋喷桩等高水灰比的施工工艺，土体硬化剂搅拌桩的挡土止水效果良好，取芯强度达到设计要求。由于技术性能和价格方面的优势，目前土体硬化剂在上海建筑市场的接受度越来越高，产品供不应求。

与水泥相比，土体硬化剂具有加固土强度高、生产能耗低、固废利用率高的特点。采用土体硬化剂取代水泥作为基坑围护和地基处理加固材料，具有明显的社会效益和环境效益。据估计，上海每年搅拌桩、旋喷桩、压密注浆等工程消耗800万t水泥，相当于上海全部商品混凝土消耗水泥量的一半。如果在这类工程中，采用土体硬化剂全部取代水泥，每年可节约工程造价数亿元；消纳240万t难处理的烧结脱硫灰、干法脱硫灰、工业副产石膏、钢渣、焚烧灰、建筑垃圾等。由于显著降低水泥消耗量，每年将减少CO_2排放500万t，对实现"碳达峰""碳中和"的目标具有积极意义。本标准的修订有利于推动建设行业技术进步、低碳环保、节能减排。

上海市工程建设规范《GS土体硬化剂应用技术规程》DG/TJ 08—2082—2017（以下简称"2017年版标准"）自2017年8月实施以来，对土体硬化剂的工程应用起到积极的推动作用。随着时间推移，出现一些新情况，迫切需要对本标准进行修订、补充完善，以利于进一步推广应用。本次修订的主要内容有：

1 将标准更名为《土体硬化剂应用技术标准》

2017年版标准名称为《GS土体硬化剂应用技术规程》，修订时，删除英文字母GS，将标准更名为《土体硬化剂应用技术标准》，以符合标准备案管理的要求。同时，相关行业标准对此类产品名称为《土壤固化外加剂》CJ/T 486—2015、《软土固化剂》CJ/T 526—2018、《土壤固化剂应用技术规程》CJ/T 286—2018等。而"土体硬化剂"为本标准的专用名词，与其他相关标准并不冲突。

2 修订了术语

本标准将"土体硬化剂"定义为：一种以水泥和矿渣作为主要

原材料,以脱硫灰、工业副产石膏、固废基活性混合材及外加剂等作为辅助材料,采用混合或粉磨工艺制备而成的,可完全代替水泥,专用于处理加固软土及其他细粒类土的一种粉状的水硬性胶凝材料。

本标准上一版的定义为:一种以水泥、矿渣、钢渣、脱硫石膏和外加剂等为原材料生产而成的,与土体充分拌合后,通过其自身各组分之间以及与土体之间的物理、化学反应,将土体胶结成为能够长期保持强度稳定的硬化体的无机粉状水硬性胶凝材料。

该术语的修订,丰富了土体硬化剂的资源综合利用内涵,突出了土体加固处理的工程应用属性。

3 修订了基本规定

2017年版标准对土体硬化剂的适用范围未作详细规定。本标准明确了土体硬化剂的适用范围,并且根据近些年的研发和工程应用经验,提出"当处理加固有机质含量大于10%的土时,应通过试验来验证土体硬化剂的适用性"。

4 修订了土体硬化剂的分类和标记

2017年版标准根据供应方式分成两类:W类(完整供应方式)、F类(非完整供应方式)。由于本市市售的土体硬化剂无F类产品,并且搅拌桩施工的后台拌浆均采用自动化系统,如果采用F类产品,对施工工艺带来较大影响。故删除W类、F类的分类。

2017年版标准根据产品适用范围分成两类:Y类(用于一般土体)、T类(盐渍土、有机质土等特殊土)。本标准第3.0.2条提出,当处理加固有机质含量大于10%的土时,应通过试验来验证土体硬化剂的适用性。本标准条文说明4.3.3提出,当处理加固易溶盐含量不小于3.5%的土时,或者工程上有要求时,还应进行长期稳定性试验。因此,本标准已对盐渍土、有机质土等特殊土的处理加固作出了具体规定,故本标准修订时,删除了Y类、T类的分类。

本标准修订时，主要参照现行行业标准《软土固化剂》CJ/T 526，根据加固土立方体抗压强度，将土体硬化剂分为1.0、2.0、3.0三个强度等级，以及普通型和早强型两个型号。与CJ/T 526不同的是，本标准还在"4.4检验要求"提出高于行业标准的要求：以加固土抗压强度进行评定的早强型土体硬化剂，2.0R、3.0R土体硬化剂的3 d加固土立方体抗压强度分别不应低于0.3 MPa、0.5 MPa；以胶砂抗压强度进行评定的早强型土体硬化剂，3 d、7 d、28 d胶砂抗压强度分别不应低于23.0 MPa、35.0 MPa、52.5 MPa。这是由于很多工地对早强要求较高，尤其是市中心的工地，有的工地要求搅拌桩置换土及时外运，有的工地要提前开挖等。

5 新增了土体硬化剂的原材料要求

2017年版标准无原材料要求。由于近年来土体硬化剂的产量越来越高，脱硫石膏、电厂脱硫灰等本地固废已不能满足生产需求，需要从长三角其他地区调来脱硫灰、工业副产石膏、固废基活性混合材等固废原料。由于原材料性能波动较大，可能会影响产品质量，故本标准修订时增加了原材料要求的内容。

6 新增了土体硬化剂在路基工程中的应用

上海每年工程渣土的产生量高达8 000万t以上，处置途径单一，主要为滩涂促淤、围海造地。工程渣土和泥浆经干化、固化处理后用于道路路基填筑，可消纳大量的工程渣土。长三角其他省市在这方面开展了积极的工程实践，制定了相关标准，如江苏省地方标准《建筑垃圾填筑路基设计与施工技术规范》DB32/T 4031—2021，其中建筑垃圾就包含了工程渣土和工程泥浆；又如南京市地方标准《建筑废弃物在道路工程中应用技术规范 第2部分：工程泥浆》DB3201/T 1037.2—2021、《建筑废弃物在道路工程中应用技术规范 第3部分：工程渣土》DB3201/T 1037.3—2021等，均针对量大面广的工程渣土和工程泥浆，提出工程渣土在道路路基工程的应用。

土体硬化剂固化基土用于道路路基,已开展了一定的工程应用,如上海市政工程设计研究总院(集团)有限公司在南京市建立了工程渣土处理制备路基材料的示范工厂,上海强劲地基工程股份有限公司采用多向切割搅拌机,处理浦东机场跑道软土路基等。本标准总结了相关工程实践经验,增加了土体硬化剂在路基工程中应用的内容。

7 修订了工艺指标

工艺指标是指土体硬化剂在施工应用时,为满足浆液拌制、浆液泵送、浆液与土搅拌等施工工艺要求的技术指标。本标准对细度(80 μm 方孔筛筛余)、凝结时间和净浆流动度进行了修订,具体内容详见条文说明 4.3.1。

8 新增了加固土立方体抗压强度,制定了基于 JGJ/T 70 的立方体抗压强度试验方法。

新增了立方体抗压强度,提出"土体硬化剂的强度指标可采用胶砂抗压强度或加固土立方体抗压强度中的一项。有争议时,应采用加固土立方体抗压强度",具体原因如下:

(1) 突出土体硬化剂的应用特色,并与现行行业标准《软土固化剂》CJ/T 526 接轨。鉴于部分生产厂家和用户对本标准修订前版本的使用习惯,本标准仍保留了胶砂强度,提出"土体硬化剂的强度指标可采用胶砂抗压强度或加固土立方体抗压强度中的一项。仲裁时,应采用加固土立方体抗压强度"。

(2) 土体硬化剂是专门针对软土固化而研发的胶凝材料,不是用于固化砂石骨料。与水泥相比,土体硬化剂的脱硫灰、工业副产石膏、固废基活性混合材的掺量较高,如果一味要求 7 d 胶砂抗压强度≥17.0 MPa,28 d 胶砂抗压强度≥32.5 MPa,不利于资源综合利用,并且有可能提高了胶砂强度,反而降低了加固土强度。

(3) 长期以来,行业标准《水泥土配合比设计规程》JGJ/T 233—2011 的"水泥土无侧限抗压强度"、《软土固化剂》CJ/T

526—2018附录B"固化土无侧限抗压强度测试方法"几乎未被本市乃至全国检测机构纳入检测项目。按这两个标准,试验用土需风干、碾碎、过筛,工作量较大;配合比计算公式繁琐,一般检测人员较难理解和掌握;按照CJ/T 526—2018规定的掺量10%、水灰比0.5进行试验,拌合土易团聚、非常黏稠,搅拌、振动、成型困难,试块外观质量不高,强度数据离散较大。因此,土体硬化剂产品无法进行无侧限抗压强度的送检检测。

本标准通过工程调研和取样试验发现,三轴～六轴搅拌桩拌合土的适宜稠度为60 mm～90 mm。本标准通过大量加固土试验发现,在高水灰比(1.5～2.0)的条件下,即使针对非常黏稠的第④层灰色淤泥质黏土或第⑤层灰色黏土,拌合土仍呈流塑状,团聚现象少,稠度可达到60 mm～90 mm,该拌合土稠度等同于砂浆稠度,拌合土搅拌、成型方便。因此,本标准在国内创新地提出以检测机构普遍采用的行业标准《建筑砂浆基本性能试验方法标准》JGJ/T 70之"立方体抗压强度试验方法",来代替JGJ/T 233—2011、CJ/T 526—2018的"无侧限抗压强度试验方法"。由于在高稠度条件下,拌合土容易搅拌均匀,本标准首次提出用原状湿土直接进行搅拌,省却了风干、碾碎、过筛等繁琐工序,以及对检测机构的破碎机、轮碾机、粉磨机等非标设备的要求,同时大幅降低试验工作量。在JGJ/T 70的基础上,补充、细化了试验用土要求、配料和搅拌要求、掺量和水灰比调整方法等,使得本标准制定的加固土立方体抗压强度试验方法通俗易懂,具有实用性和可操作性,土体硬化剂的出厂检验、工地进场检验和型式检验能够顺利开展。

9 修订了可浸出重金属含量的检测内容与试验方法

土体硬化剂采用的钢铁渣粉、脱硫灰、工业副产石膏、再生微粉等无机类固废原料,主要污染物是重金属析出。本标准上一版的环保性技术指标是"加固土浸出液重金属含量",即取测定28 d无侧限抗压强度后的加固土试件的核心部分,参照现行国家标准

《危险废物鉴别标准　浸出毒性鉴别》GB 5085.3进行浸出液重金属含量的测试。本标准修订时,试验方法采用现行国家标准《水泥胶砂中可浸出重金属的测定方法》GB/T 30810,避免了土质污染物的影响。参照现行行业标准《软土固化剂》CJ/T 526,完善了浸出液重金属的检测项目与限值。

10　删除了附录

由于新制(修)订的时效性,以及地方标准的局限性,检测机构往往难以及时将地方标准附录所示的试验方法进行扩项,难以按附录上的试验方法出具检测报告。因此,本标准删除附录,沿用检测机构广泛采用的国家和行业标准试验方法,目的是让土体硬化剂产品能够顺利送检。

2 术 语

2.0.1 土体硬化剂产品名称突出产品的两个特点:专用于土体加固处理——用途特点;加固土强度较高,非"固化"而是"硬化"——技术特点。

2.0.5 固废基活性混合材料不包括目前综合利用率较高的矿渣粉,而是一些低值、难利用的工业固废和建筑固废,如粉煤灰、钢渣粉、建筑垃圾再生微粉、生活污泥焚烧灰、秸秆焚烧灰、水泥厂窑灰、钢铁厂除尘灰等。以上固废原料均列入财政部、税务总局颁布的《资源综合利用产品和劳务增值税优惠目录(2022版)》。

2.0.11 土体硬化剂在土体加固中的作用机理如下:

1 针对土体天然含水率高的特点,土体硬化剂在软土中形成适宜的钙硫浓度,易生成高结晶水的钙钒石晶体,将软土的自由水转化为钙钒石的结晶水,降低了软土的自由水含量。

2 针对土体孔隙大、能容纳较大的膨胀量的特点,土体硬化剂生成适量的钙矾石,在软土中微膨胀,有利于其硬化体结构的密实和强度提高。

3 针对土体粒径小、比表面积大的特点,土体硬化剂中超细、高活性的矿渣、钢渣,在碱性激发下,生成水化硅酸钙,增强土粒间的结构联结。

4 针对土颗粒具有潜在的火山灰活性,土体硬化剂中氧化钙含量高的水泥、钢渣,与土粒产生缓慢的水化反应,提高后期强度。

化学反应式如下:

$$x\text{Ca(OH)}_2 + \text{SiO}_2 + (n-1)\text{H}_2\text{O} \longrightarrow x\text{CaO} \cdot \text{SiO}_2 \cdot n\text{H}_2\text{O}$$

$$(1.5\sim2.0)\text{CaO} \cdot \text{SiO}_2 + \text{SiO}_2 \longrightarrow (0.8\sim1.5)\text{CaO} \cdot \text{SiO}_2$$

$$3CaO \cdot Al_2O_3 \cdot 6H_2O + SiO_2 + mH_2O \longrightarrow xCaO \cdot SiO_2 \cdot mH_2O + yCaO \cdot Al_2O_3 \cdot nH_2O$$

$$xCa(OH)_2 + Al_2O_3 + mH_2O \longrightarrow xCaO \cdot Al_2O_3 \cdot nH_2O$$

$$3Ca(OH)_2 + Al_2O_3 + 2SiO_2 + mH_2O \longrightarrow 3CaO \cdot Al_2O_3 \cdot 2SiO_2 \cdot nH_2O$$

$$3CaO \cdot Al_2O_3 \cdot 6H_2O + Ca(OH)_2 + 6H_2O \longrightarrow 4CaO \cdot Al_2O_3 \cdot 13H_2O$$

$$4CaO \cdot Al_2O_3 \cdot 13H_2O + 3(CaSO_4 \cdot 2H_2O) + 14H_2O \longrightarrow 3CaO \cdot Al_2O_3 \cdot 3CaSO_4 \cdot 32H_2O + Ca(OH)_2$$

选取水泥土和土体硬化剂加固土样品，养护到一定龄期时，用浓度为99.7%的酒精中止水化，研磨成粉体，过0.08 mm的筛，采用15 000倍扫描电子显微镜进行分析，见图2-1～图2-6。

图2-1 水泥土(3 d)

图2-2 加固土(3 d)

图2-3 水泥土(7 d)

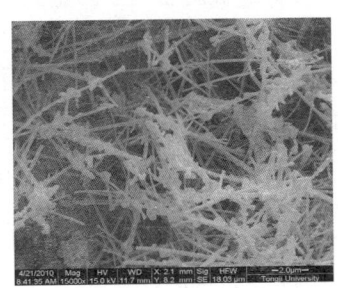

图2-4 加固土(7 d)

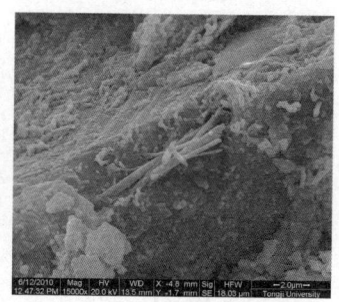

图 2-5 水泥土(28 d)　　　　图 2-6 加固土(28 d)

由微观扫描图可看出,加固土 3 d 龄期就形成 2 μm～4 μm 的长柱状钙矾石晶体,填充空隙,使加固土结构体较为致密。达到 7 d 龄期时,长柱状钙矾石晶体的长度进一步增加,达到 4 μm～8 μm,数量也不断增多,加固土内 2 μm 宽度的空隙已被长柱状晶体填充。达到 28 d 龄期时,加固土的密实度较高,由于其他水化产物不断生成,孔隙被不断填充,硬化体进一步致密,整体性较强。

而水泥土在 3 d 龄期几乎看不出钙矾石晶体,达到 7 d 龄期时,生成 1 μm～2 μm 的针状钙矾短柱状,但数量较少,水泥土 2 μm 宽度的孔隙未被有效填充。达到 28 d 龄期时,虽然孔隙率有所下降,但水泥土的整体性较差。

2.0.15 工程渣土用于路基工程的最大难点是,工程渣土大多为深基坑开挖过程中产生的饱和淤泥质黏土,天然含水率高达 40%～50%,而符合压实度要求的基土的最佳含水率一般为 15% 左右,两种含水率的差距很大。工程上通常采用晾晒的方法,或者掺加石灰的方法,将工程渣土的含水率降低至最佳含水率附近,以符合分层碾压的要求。

2.0.16 工程渣土处理成基土后,再按 4%～6% 掺量,掺入强度等级为 2.0、2.0R 及以上的土体硬化剂,可获得较高强度的稳定土。经摊铺、碾压、养护工艺,可形成整体性、抗渗性较好的路基填筑材料,并且压实度、承载比、无侧限抗压强度、弯沉值符合设计要求。

3 基本规定

3.0.2 软土的有机质是指土中的各种动植物残体、微生物及由它们的生命活动所产生的物质的总和。有机质中含有胡敏酸和富啡酸,二者均有对矿物的分解作用。胡敏酸仅对钙离子具有敏感性,当胡敏酸含量较低时,对土壤固化效果影响不大。富啡酸与水泥矿物的吸附作用所形成的吸附层会延缓水泥水化的进程,在已生成的水化铝酸钙、水化硫铝酸钙及水化铁铝酸钙晶体中,富啡酸的分解作用使这些水化产物解体,破坏了固化土结构的形成,不利于土壤固化剂的固化作用。本条参考现行行业标准《土壤固化剂应用技术标准》CJJ/T 286,规定"当处理加固有机质含量大于10%的土时,应通过试验来验证土体硬化剂的适用性"。

3.0.3 本条对土体硬化剂的工艺指标提出了要求。工艺指标不符合要求,将影响施工的正常进行。例如,如果土体硬化剂掺加的工业副产石膏含较多的半水相,将导致凝结时间较快,难以满足搅拌桩施工时的制浆、泵送的要求。如果土体硬化剂掺加固废基活性混合材的需水量过高,则导致净浆流动度下降,难以满足浆液泵送、浆液与土体均匀搅拌的要求。如果土体硬化剂的凝结时间过快,则难以满足搅拌桩与桩之间搭接、型钢或预制桩插入的需要。因此,土体硬化剂的工艺指标应满足施工工艺的要求。

由于土体硬化剂与土体强制搅拌后,与土体发生一系列物理化学反应,使得加固土获得较高的强度。而对于不与土体搅拌、混合的施工方法,如压密注浆,尽管土体硬化剂也产生一些水化产物,具有一定强度,但不能获得明显高于水泥的使用效果。因此,使用时,土体硬化剂浆液或粉体应与土体充分搅拌均匀。

4 土体硬化剂

4.1 一般规定

4.1.3 本标准新增了加固土立方体抗压强度。土体硬化剂的胶结固化对象是各种土,以加固土强度作为技术指标较合理。而胶砂强度是水泥胶结标准砂的强度,胶砂强度与加固土强度并无直接的相关性。此外,由于土体硬化剂的脱硫灰、工业副产石膏、固废基活性混合材的比例较高,胶砂强度 7 d 达到 17.5 MPa、28 d 强度达到 32.5 MPa 的难度较大。一味要求较高的胶砂强度,不利于固废资源化利用,而且并不一定能获得较高的加固土强度。

现行行业标准《软土固化剂》CJ/T 526 只有加固土无侧限抗压强度,并无胶砂强度指标。故本标准修订时,参照现行行业标准《软土固化剂》CJ/T 526,增加了加固土抗压强度。鉴于一些土体硬化剂生产和使用单位的习惯,以及新旧标准的技术衔接,本标准仍保留胶砂抗压强度。因此,本标准提出:土体硬化剂的强度指标可采用胶砂抗压强度或加固土立方体抗压强度中的一项。仲裁时,应采用加固土立方体抗压强度。

4.2 原材料要求

4.2.3 烧结脱硫灰的化学成分变异性非常大,不同地区、不同厂家,甚至相同厂家和相同原煤,不同时段排出的渣化学成分都有较大的差异。主要影响因素有原煤煤种、煤的含硫量、燃烧温度、燃烧环境、燃烧程度、脱硫剂、脱硫效率及排渣方式等。

上海宝钢和南京梅钢的烧结脱硫灰的化学成分如表4-1、表4-2所示。

表4-1 上海宝钢烧结脱硫灰的化学成分(%)

编号	SiO	CaO	MgO	Fe_2O_3	Al_2O_3	SO_3	$CaSO_3$	$CaCO_3$	f-CaO	Cl^-
1#	14.4	28.5	1.9	5.0	9.6	2.0	28.4	60.4	1.6	0.18
2#	1.7	47.9	1.5	4.6	2.5	3.3	41.3	65.3	2.2	0.26
3#	1.4	45.1	1.1	6.5	0.6	2.9	40.1	65.5	0.6	—
4#	1.1	39.1	0.7	6.0	0.5	3.0	41.7	64.9	1.1	—
5#	1.9	46.7	1.0	5.7	0.6	2.0	62.5	65.9	0.5	—

表4-2 南京梅钢烧结脱硫灰的化学成分(%)

编号	CaO	$CaCO_3$	$Ca(NO_3)_2$	$Ca(NO_2)_2$	$Ca(OH)_2$	$CaSO_4$	$CaSO_3$	$CaCl_2$
1#	5.67	29.75	0.65	3.39	13.44	29.54	13.52	3.72
2#	6.06	21.83	0.29	2.41	12.53	24.25	12.67	3.91
3#	2.51	27.16	0.44	3.35	10.08	28.61	12.95	2.44
4#	17.4	30.94	0.27	2.27	5.3	22.77	15.89	3.42

由表4-1和表4-2可知,烧结脱硫灰是一种高钙高硫型灰渣,主要化学成分是$CaSO_4$、$CaSO_3$和$CaCO_3$。上海宝钢的烧结脱硫灰的$CaSO_4$、f-CaO含量较低,$CaCO_3$、$CaSO_3$、SiO_2+Al_2O_3含量较高;南京梅钢的烧结脱硫灰则相反,$CaSO_4$、f-CaO含量较高,$CaCO_3$、$CaSO_3$、SiO_2+Al_2O_3含量较低。由于烧结脱硫灰的SO_3含量具有良好的硫酸盐激发作用,可促使钙矾石形成,提高加固土的强度,故本标准规定了"脱硫灰的$CaSO_3$和$CaSO_4$的含量合计宜为30%~70%"。

4.2.6 脱硫灰、工业副产石膏和固废基活性掺合料(含再生微粉、钢渣粉、焚烧灰、粉末、粉尘、烟尘灰等)为综合利用率较低的低值固废。在环保性方面,这些低值固废应符合现行国家标准《一般工业固体废物贮存和填埋污染控制标准》GB 18599 规定的一般固体废物的要求,属于政策鼓励的可资源化利用的一般固废。

4.2.7 为了提高土体硬化剂的某些性能,如提高流动度、激发活性、提高加固土无侧限抗压强度等,可以在土体硬化剂中掺入某些外加剂。外加剂的掺入比例一般不高于5%。

4.3 技术要求

4.3.1 与2017年版标准相比,本标准对土体硬化剂的工艺指标做出了如下修订。

1 细度(80 μm方孔筛筛余)从≤10%放宽至≤20%

相对于水泥、粉煤灰、矿渣粉,烧结脱硫灰、工业副产石膏、固废基活性混合材中的一些原料细度较粗,本市土体硬化剂生产厂均不具备粉磨生产能力。钢渣粉可能含有难以粉磨的含铁颗粒。随着原材料选择面的扩大,原标准的细度(80 μm方孔筛筛余)≤10%的要求较难达到。但是烧结脱硫灰、工业副产石膏、固废基活性混合材均属于激发剂或填料辅材,不属于主材,不会影响土体硬化剂的活性。将细度(80 μm方孔筛筛余)放宽至≤20%,有利于资源综合利用和节能降耗。对于施工应用而言,细度属于工艺指标,控制该指标是为了避免泵送时浆液堵塞喷浆孔。据调研,三轴搅拌桩、旋喷桩施工时,为了避免浆液堵塞喷浆孔,增设 2.36 mm筛网,故只要土体硬化剂能通过2.36 mm筛孔,就不会影响正常施工。

因此,本次修订将细度(80 μm方孔筛筛余)从≤10%放宽至≤20%。

2 终凝时间从≤15 h放宽至≤48 h

由于土体硬化剂掺加了较高含量的高性能矿物掺合料、脱硫灰、工业副产石膏等,而水泥的含量相对较低,故终凝时间较长。同时,干法脱硫灰或烧结脱硫灰含有亚硫酸钙,具有缓凝作用,延长了凝结时间。由于搅拌桩施工通常以 28 d 强度为检验指标,硬化剂终凝时间稍长有利于施工,如 SMW 工法插型钢。相反,如果终凝时间较快,易影响搅拌桩相邻桩的搭接。

本市 4 家生产厂的 6 个土体硬化剂产品、P·O42.5 水泥的凝结时间检测结果见表 4-3。

表 4-3 本市 4 家生产厂的 6 个土体硬化剂产品、P·O42.5 水泥的凝结时间

固化剂	初凝时间(min)	终凝时间(h:min)
P·O42.5 水泥	154	3:19
A厂土体硬化剂(1#)	800	16:30
A厂土体硬化剂(2#)	821	16:48
A厂土体硬化剂(3#)	818	16:54
B厂土体硬化剂	673	14:31
C厂土体硬化剂(2#)	227	5:00
D厂土体硬化剂(1#)	684	13:12

由表 4-3 可知,与 P·O42.5 水泥相比,土体硬化剂的凝结时间较长,均满足初凝≥45 min,终凝≤48 h 的要求。

3 调整了净浆流动度的指标和试验方法

2017 年版标准编制时,土体硬化剂的固废原料主要为脱硫石膏和电厂干法脱硫灰,这两种固废原料的需水量比较低。由于土体硬化剂产量的迅速增长,本地的脱硫石膏、脱硫灰已经不能满足生产需求。目前土体硬化剂的固废原料包括外省市炼钢厂烧结脱硫灰、工业副产石膏、再生微粉、焚烧灰等,这些固废原料的需水量较高,影响土体硬化剂的净浆流动度。此外,由于脱硫脱硝新工艺不断出现,某些炼钢厂产生钠基脱硫灰、某些化工厂产生含半水石膏相的脱硫灰,对 60 min 流动度影响较大。本次修订,与现行行业标准《软土固化剂》CJ/T 526 保持一致,将水灰比从 0.5 调整至 0.6,将初始流动度从≥120 mm 调整至≥100 mm,60 min 流动度从≥100 mm 调整至≥80 mm。

当水灰比为 0.6 时,本市 4 家生产厂的 9 个土体硬化剂产品、P·O42.5 水泥的净浆流动度检测结果见表 4-4。

表 4-4 本市 4 家生产厂的 9 个土体硬化剂产品、P·O42.5 水泥的净浆流动度

生产厂家	土体硬化剂编号	初始流动度(mm)	1 h 流动度(mm)	2 h 流动度(mm)
A 厂	1#	185	176	171
	2#	214	191	176
	3#	151	142	134
B 厂	—	189	157	136
C 厂	1#	198	192	187
	2#	186	143	136
D 厂	1#	199	178	170
	2#	201	173	161
	3#	221	200	189
南方水泥厂	P·O42.5	236	230	224

由表 4-4 可知,本市 4 家生产厂的 9 个土体硬化剂产品均符合净浆流动度要求。

4 删除了安定性指标

土体的孔隙率较大,脱硫灰、钢渣粉、高钙粉煤灰中的适量游离氧化钙不会对加固土的体积稳定性造成影响,适量微膨胀反而有利于提高强度、补偿收缩。生石灰本身就是一种土体固化剂。

故删除安定性指标,与现行行业标准《软土固化剂》CJ/T 526保持一致。

4.3.3 本标准新增了加固土立方体抗压强度的技术指标及试验方法。

针对水泥土(加固土)无侧限抗压强度试验的"难点",以及长期以来土体硬化剂厂家无法对无侧限抗压强度指标进行送检的"痛点",本标准开展了工程调研和试验验证工作,同时参考了现行行业标准《水泥土配合比设计规程》JGJ/T 233、《建筑砂浆基本性能试验方法标准》JGJ/T 70、《软土固化剂》CJ/T 526等。在此基础上,本标准对试验用土的土质、天然含水率、水灰比、掺量、拌合土稠度等试验参数进行了细化,使拌合土的搅拌、成型能顺利进行,土体硬化剂强度的出厂检验、进场检验、型式检验能够正常开展。

本标准提出"试验用原状湿土宜采用第④层灰色淤泥质黏土或第⑤层灰色黏土,天然含水率宜为(46±2)%",是基于大量室内试验和现场取芯试验,这两种土的加固土强度、取芯强度普遍较低,体现上海地方标准的特点。并且,这两种土天然含水率高、颗粒粒径细、黏稠度大,搅拌均匀难度大。本标准在工程调研的基础上,开展室内验证试验,创新地提出基于稠度控制的掺量和水灰比调整方法,具体如下。

搅拌完成后,应立即测定拌合土的稠度。当稠度为60 mm~90 mm时,方可成型立方体抗压强度试块。如果稠度大于90 mm,可适当降低水灰比并保持掺量不变,重新搅拌,直至拌合土稠度不大于90 mm;如果稠度小于60 mm,可适当提高掺量并保持水灰比不变,重新搅拌,直至拌合土稠度不小于60 mm。记录实际用水量和掺量,计算水灰比。

之所以采用以上的调整方法,原因如下。

1 当原状湿土的天然含水率趋近(46±2)%的下限时,水灰比为2.0,拌合土稠度较大,可能要高于90 mm,应适当降低水灰比并保持掺量不变,可避免稠度过大造成加固土强度偏低。

2 当原状湿土的天然含水率趋近(46 ± 2)%的上限时,即使水灰比为2.0,拌合土稠度也较小,如果低于60 mm,应可适当提高掺量并保持水灰比2.0不变,以避免稠度过小造成搅拌不均匀、搅拌困难的问题。

本标准开展了四轮加固土强度试验验证,具体如下。

1) 参照现行行业标准《软土固化剂》CJ/T 526的无侧限抗压强度试验

2021年4月28日,本标准编制组对本市4家生产厂的8个土体硬化剂产品进行第一轮加固土试验,参照现行行业标准《软土固化剂》CJ/T 526附录B"固化土无侧限抗压强度测试方法",掺量取10%,水灰比0.6,ρ_s采用土在液限含水率时的密度,w采用土的液限含水率。该掺量和水灰比均较低,拌合土很黏稠,类似"弹簧土",稠度接近于零,搅拌时,拌合土团聚严重,搅拌、成型试块困难,无法用振动台来振动成型,靠人工插捣成型,试块质量较难保证。

试验用土烘干、粉碎、过5 mm筛后使用。选用了3种试验用土:

第③层土,8 m深度,取自黄兴路,淤泥质粉质黏土,液限含水率32.3%;

第⑤层土,25 m深度,取自云岭西路蔡家浜深隧工程,黏土,流塑~软塑,液限含水率38.0%;

第⑧层土,53 m深度,取自云岭西路蔡家浜深隧工程,粉质黏土,软塑,液限含水率40.5%。

不同生产厂家产品、不同性质土的加固土无侧限抗压强度试验结果见表4-5。

由表4-5可知,同一生产厂家、同一品种的土体硬化剂,加固处理不同深度、不同性质的土,加固土的强度有所差别,其中25 m黏土的液限含水率较高,加固土强度普遍较低。

表 4-5 参照 CJ/T 526 测试的加固土无侧限抗压强度

生产厂	样品编号	土样	无侧限抗压强度(MPa) 7 d	无侧限抗压强度(MPa) 28 d	强度等级 (25 m 土)	强度等级 (8 m 土)
A厂	1#	8 m	1.33	3.17	2.0	3.0
		25 m	0.94	2.44		
		53 m	0.86	1.93		
	2#	8 m	2.10	3.30	2.0R	3.0R
		25 m	1.46	2.44		
		53 m	1.10	2.61		
	3#	8 m	2.93	4.54	2.0R	4.0R
		25 m	1.73	2.72		
		53 m	2.11	3.70		
B厂	1#	8 m	1.25	4.79	2.0	4.0
		25 m	0.65	2.94		
		53 m	0.31	2.49		
C厂	2#	8 m	0.98	3.01	2.0	3.0
		25 m	0.63	2.52		
D厂	1#	8 m	1.68	5.29	3.0	5.0
		25 m	1.45	3.85		
		53 m	0.92	4.68		
	2#	8 m	2.18	5.38	4.0	5.0
		25 m	1.63	4.22		
		53 m	1.74	5.50		
	3#	8 m	2.50	5.24	—	5.0R
南方水泥厂	P·O42.5	8 m	1.43	2.61	2.0R	2.0R
		25 m	1.17	2.20		

以强度最低的 25 m 黏土加固土强度作为判断依据,各种土体硬化剂产品均达到现行行业标准《软土固化剂》CJ/T 526 的

2.0R～4.0强度等级,P·O42.5水泥的强度等级为2.0R。

以 8 m 淤泥质粉质黏土加固土强度作为判断依据,各种土体硬化剂产品均高出一个强度等级,达到现行行业标准《软土固化剂》CJ/T 526 的 3.0R～5.0R,P·O42.5 水泥的强度等级仍为 2.0R。

因此,本标准提出采用天然含水率较高、加固土强度较低的第⑤层黏土,以提高技术要求。

2) 采用现行行业标准《建筑砂浆基本性能试验方法标准》JGJ/T 70 进行试验,原状湿土烘干、粉磨、过筛后使用

根据工程调研和取样分析,三轴～六轴搅拌桩对拌合土的稠度要求是 60 mm～90 mm。现行国家标准《预拌砂浆》GB/T 25181 规定,抹灰砂浆的稠度为(95±5)mm,砌筑砂浆的稠度为(75±5)mm,因此,拌合土稠度与预拌砂浆的稠度基本接近。在 60 mm～90 mm 的稠度条件下,拌合土容易搅拌均匀、成型质量较好。检测机构可采用现行行业标准《建筑砂浆基本性能试验方法标准》JGJ/T 70 的"立方体抗压强度试验方法",进行加固土立方体抗压强度试验,能够出具检测报告。

2021 年 12 月 21 日,本标准编制组采用本市 4 家生产厂的 8 个土体硬化剂产品、南方水泥厂 P·O42.5 水泥进行第二轮加固土强度试验。试验土样取自机场联络线工程(申滨南路与申昆路交叉口),为埋深 8 m 的第③层淤泥质粉质黏土,天然含水率 40%,土样仍烘干、粉碎、过筛后使用。

土体硬化剂掺量固定为 16%,适当调整水灰比,将拌合土的稠度控制为 90 mm 左右,拌合土呈流塑状,试块成型较方便。加固土立方体抗压强度见表 4-6。

由表 4-6 可知,采用天然含水率为 40% 的淤泥质粉质黏土进行试验,当掺量为 16%、水灰比在 1.0 左右时,拌合土稠度较高,为 85 mm～95 mm。本市 4 家生产厂的 7 个土体硬化剂的基本上达到 3.0～5.0 的强度等级要求,而 P·O42.5 水泥的强度等级仍相当于 2.0R。这说明对于同一种第③层淤泥质粉质黏土,掺

量16%、水灰比1.0的配合比,与掺量10%、水灰比0.5的配合比相对照,前者的强度偏低一些。但是当拌合土稠度为85 mm~95 mm时,搅拌、成型明显方便了很多。

表4-6 参照JGJ/T 70测试的加固土立方体抗压强度
(原状湿土烘干、粉磨处理)

生产厂	样品编号	掺入比	水灰比	稠度(mm)	无侧限抗压强度(MPa)		型号/强度等级
					7 d	28 d	
A厂	1#	16%	0.96	92	1.24	3.58	3.0
	2#	16%	0.96	85	2.04	4.56	4.0R
B厂	—	16%	0.91	85	1.84	6.06	5.0
C厂	1#	16%	0.98	94	2.45	5.53	5.0
	2#	16%	0.98	92	1.14	4.55	3.0
D厂	1#	16%	1.12	88	1.35	3.78	3.0
	2#	16%	0.98	87	1.96	6.42	5.0
P·O42.5水泥	—	16%	1.01	98	1.15	2.36	2.0R

采用第③层淤泥质粉质黏土,由于天然含水率较低(40%),淤泥质粉质黏土含有少量粉质细颗粒,尽管水灰比1.0、掺量16%均较低,但拌合土稠度仍较高,呈流塑状,与三轴~六轴实际工程采用的水灰比1.5~2.0仍有一些差距。因此,本标准规定采用第④层灰色淤泥质黏土或第⑤灰色黏土,天然含水率宜为(46±2)%,拌合土稠度不高于90 mm。

3) 采用现行行业标准《建筑砂浆基本性能试验方法标准》JGJ/T 70进行试验,原状湿土直接搅拌

传统的水泥土试验都是采用低水灰比(0.5左右)的配合比,拌合土黏稠、团聚,不易搅拌均匀,造成试验数据离散大。为避免搅拌不均匀,现行行业标准《水泥土配合比设计规程》JGJ/T 233规定试验用土需风干、粉碎、过筛处理,这样做就要求需要较大面积的晾晒场地,破碎机、轮碾机、粉磨机等工厂化设备也并

不是标准化的试验设备。如果由送检厂方制备好泥粉交给检测机构,这种泥粉无技术标准,不像水泥胶砂试验采用的标准砂,混凝土试验采用的碎石和中砂,都有具体技术标准和技术要求,检验机构难以对其品质作出评定。这也是长期以来上海乃至全国很少有检测机构开展"水泥土无侧限抗压强度"检测项目的主要原因之一。因此,本标准研究在高稠度条件下,采用原状湿土直接搅拌的试验方法,省却了湿土烘干、破碎、过筛的工序。

2022年8月31日,本标准采用第④层灰色淤泥质黏土,在高水灰比(2.0)的条件下,将拌合土稠度控制在60 mm～90 mm,对本市5家生产厂的8个土体硬化剂产品、南方水泥厂P·O42.5水泥进行试验。试验步骤如下:

(1) 试验土样取自临空12号地块(协和路与北翟路交叉口),为埋深12 m的第④层灰色淤泥质黏土。原状湿土取出后,装入50 kg塑料样品桶,密封保存,测定其天然含水率为46%。

(2) 称取640 g土体硬化剂、1 280 g拌合水、4 000 g原状湿土,即掺量16%,水灰比2.0。

(3) 土体硬化剂和拌合水先用符合现行行业标准《建筑砂浆基本性能试验方法标准》JGJ/T 70的砂浆搅拌机搅拌,搅拌时间不应少于60 s。

(4) 将原状湿土掰成30 mm左右的小块,陆续投入搅拌机,搅拌时间总计不少于16 min,直至原状湿土完全分散。

(5) 搅拌完成后,立即测定拌合土的稠度。当稠度大于60 mm时,成型两组共计6块70.7 mm×70.7 mm×70.7 mm立方体抗压强度试块。

(6) 成型3 d后拆模,试块入水养护。

(7) 达到7 d、28 d龄期时,参照现行行业标准《建筑砂浆基本性能试验方法标准》JGJ/T 70测定抗压荷载,计算立方体抗压强度。

加固土立方体抗压强度见表4-7。

表 4-7 采用 JGJ/T 70 的加固土立方体抗压强度（原状湿土直接搅拌）

生产厂	样品编号	稠度(mm)	7 d 抗压荷载(kN)			7 d 立方体抗压强度(MPa)	28 d 抗压荷载(kN)			28 d 立方体抗压强度(MPa)	强度等级
A厂	—	66	7.20	7.47	6.72	1.43	15.24	14.03	14.03	2.89	2.0R
B厂	—	78	5.47	5.48	5.20	1.08	16.60	15.27	14.86	3.12	3.0
C厂	—	79	2.25	2.46	2.39	0.47	5.16	5.70	5.37	1.08	1.0
D厂	1#	78	3.23	3.46	3.41	0.67	8.81	8.83	8.28	1.73	1.0R
D厂	2#	68	3.00	3.20	3.35	0.64	8.17	7.80	7.81	1.59	1.0R
E厂	1#	74	5.85	7.11	7.10	1.34	17.36	15.78	16.15	3.29	3.0
E厂	2#	63	2.95	3.50	3.47	0.66	9.86	9.50	9.85	1.95	1.0R
E厂	3#	66	7.62	8.80	8.67	1.67	12.43	13.39	14.68	2.69	2.0R
南方水泥	P·O42.5	66	4.85	4.39	4.43	0.91	6.52	6.75	6.46	1.32	1.0R

由表4-7可知,参照现行行业标准《建筑砂浆基本性能试验方法标准》JGJ/T 70计算立方体抗压强度,无一组试验数据作废。说明当拌合土稠度不低于60 mm时,即使采用很黏稠的第④层淤泥质黏土原状湿土直接搅拌,拌合土也能够做到搅拌均匀,试验数据离散较小。

采用天然含水率46%的第④层淤泥质黏土,由于其很黏稠,在相同掺量16%的条件下,尽管水灰比提高至2.0,但是拌合土稠度仍较低(60 mm~80 mm)。由于水灰比也较高,因此,强度等级比采用现行行业标准《软土固化剂》CJ/T 526附录B"固化土无侧限抗压强度测试方法"中采用第③层淤泥质粉质黏土均降低了1~2个强度等级。由于第④层灰色淤泥质黏土和第⑤灰色黏土是取芯强度普遍较低的土层,本标准从提高技术要求的角度出发,还是规定采用天然含水率为(46±2)%的第④层灰色淤泥质黏土或第⑤灰色黏土进行试验,并且规定"报告上应注明土体硬化剂掺量、水灰比、原状湿土的天然含水率或液限含水率、拌合土稠度",这些参数对于设计、施工都有参考价值。

采用原状湿土取代河砂进行试验,能够被检测机构接受。检测机构可参照现行行业标准《建筑砂浆基本性能试验方法标准》JGJ/T 70的"立方体抗压强度"进行试验,出具检测报告,从而破解了长期以来土体硬化剂产品无法进行"无侧限抗压强度"送检的难题。

4) 采用现行行业标准《建筑砂浆基本性能试验方法标准》JGJ/T 70进行试验,原状湿土直接搅拌,确定3 d加固土强度取值

土体硬化剂的特点是14 d、28 d及后期强度高,但是拌合土固结时间较长,早期强度低,影响到市中心工地、场地面积狭小工地的搅拌桩返浆及时外运,搅拌桩桩头返浆处及时上设备,尤其在冬季施工。本标准仅对2.0R、3.0R提出3 d强度要求。为了确定3 d加固土抗压强度的取值,2022年10月21日,本标准采

用第④层灰色淤泥质黏土,在高水灰比(2.0)的条件下,将拌合土稠度控制在 60 mm～90 mm,对本市生产的 3 个早强型土体硬化剂、南方水泥厂 P·O42.5 水泥进行试验。

本次试验用第④层灰色淤泥质黏土取自华夏西路,天然含水率为 48%。由于天然含水率较高,根据本标准第 4.3.3 条规定的配合比调整方法,最终确定的试验参数为掺量 20%、水灰比 2.0。

表 4-8 采用 JGJ/T 70 的加固土立方体抗压强度(原状湿土直接搅拌)

固化剂编号	稠度(mm)	3 d抗压荷载(N)	3 d立方体抗压强度(MPa)	7 d抗压荷载(N)	7 d立方体抗压强度(MPa)	28 d抗压荷载(N)	28 d立方体抗压强度(MPa)	强度等级
土体硬化剂 1#	72	2 259 2 047 2 689	0.47	4 041 4 252 4 310	0.84	6 801 7 013 6 987	1.39	1.0R
土体硬化剂 2#	73	5 010 5 323 5 229	1.04	6 354 6 797 5 597	1.25	10 853 10 553 11 311	2.18	2.0R
土体硬化剂 3#	73	4 056 3 931 4 044	0.80	5 326 6 061 5 998	1.16	8 053 9 536 8 303	1.73	1.0R
南方水泥 P·O42.5	77	2 961 2 863 2 866	0.58	2 745 3 403 3 539	0.68	5 868 5 679 5 900	1.16	1.0R

由表 4-7 和表 4-8 可知,同样为第④层灰色淤泥质黏土,天然含水率从 46% 提高至 48%,为了保持稠度为 60 mm～90 mm,在水灰比 2.0 不变的前提下,掺量从 16% 提高至 20%,而加固土强度却有所降低;此外,2.0R 土体硬化剂的 3 d 加固土立方体抗压强度可超过 0.3 MPa,并超过水泥土 3 d 强度。

5)关于风干土的试验处理方法

如果湿土未密封或储存期过长,已失去部分水分,应测定湿土的含水率、液限和塑限。含水率低于塑限的湿土应风干、碾碎、过筛后使用。含水率介于塑限和液限之间的湿土可直接搅拌使用。搅拌时,应补充用水量,将湿土的含水率还原至天然含水率或液限含水率,相应地减少湿土的用量。

6)关于加固土长期稳定性试验

当处理加固易溶盐含量不小于3.5%的土时,或者工程上有要求时,还应进行长期稳定性试验,即采用原位湿土成型试块,试块在与场地地下水环境相同的水溶液浸泡至28 d、90 d、180 d 龄期,加固土立方体抗压强度不应随龄期增长而降低。

储诚富、刘松玉、邓永锋、邵俐在其论文《含盐量对水泥土强度影响的室内试验研究》(工程地质学报,2007(05):139-143)中通过对高含盐量的盐渍土的水泥加固室内试验,得到了含盐量的阈值为3.5%。当盐渍土的含盐量低于这个阈值时,盐渍土的加固强度会因可溶盐的结晶膨胀作用,提高水泥土的强度;相反,当盐渍土的含盐量高于这个阈值时,盐渍土的强度会因可溶盐的过多的结晶膨胀作用,使水泥土的结构遭到破坏,从而使水泥土的强度大大降低。

根据本标准,珠海华孚石油化工有限公司油罐及污水处理厂软弱地基加固处理工程完成了高易溶盐含量土的加固处理。该工程的场地由围海造地形成,淤泥层厚8 m～12 m,天然含水率60%～70%,可溶盐量3%～5%,有机质含量5%以上。

设计要求采用深层搅拌桩进行处理,桩径700 mm,设计桩长19.0 m,10 m以上桩身强度要求2 MPa,单桩承载力标准值300 kN。

设计前进行室内配合比试验,试验将掺量为12%、15%、18%的土体硬化剂分别与工程中的现场土样加一定量海水(水灰比为0.45)搅拌均匀后成型,1 d后脱模。标准条件下密封养护。至测试前一天用海水浸泡24 h。测试7d、14 d、28 d、60 d、90 d五个龄期的无侧限抗压强度。试验结果见表4-9。

表 4-9 珠海高易溶盐含量土的加固室内试验结果

编号	土样	土体硬化剂掺量	水灰比	无侧限抗压强度（MPa）				
				7 d	14 d	28 d	60 d	90 d
1	粉细砂	12%	0.45	1.05	1.81	2.13	2.65	2.85
2	粉细砂	15%	0.45	1.76	2.99	3.75	4.12	4.44
3	淤泥	12%	0.45	0.44	0.61	0.89	1.02	1.78
4	淤泥	15%	0.45	1.09	1.75	2.19	2.77	3.12
5	淤泥	18%	0.45	1.35	2.36	2.85	3.22	3.76

由表 4-9 可知，当掺量达 15% 以上时，对于各土层的盐渍土，加固土 90 d 强度均达到 2 MPa 的设计要求，并且随龄期增长，加固土的后期强度仍有所增长，说明土体硬化剂加固高易溶盐含量土的稳定性较好。

根据现场 90 d 龄期取芯试验结果，10 m 以上桩身强度均满足设计要求，单桩承载力达到设计要求。

4.3.4 土体硬化剂的生产原料为水泥和一般工业固废，并且这些一般工业固废均不含有机物，环境影响指标主要为重金属浸出。2017 年版标准的环保性技术指标是"加固土浸出液重金属含量"，即取测定 28 d 无侧限抗压强度后的加固土试件的核心部分，参照现行国家标准《危险废物鉴别标准 浸出毒性鉴别》GB 5085.3 进行浸出液重金属含量的测试。本标准修订时，采用现行国家标准《水泥胶砂中可浸出重金属的测定方法》GB/T 30810 进行检测，以避免土质自身重金属对检测结果的影响。

将本标准、行业标准《软土固化剂》CJ/T 526—2018，国家标准《危险废物鉴别标准 浸出毒性鉴别》GB 5085.3—2007、《土壤环境质量 建设用地土壤污染风险管控标准（试行）》GB 36600—2018 的重金属限值列入表 4-10 中进行对比。

表 4-10 重金属含量限值(mg/L)

项目	本标准	CJ/T 526—2018	GB 5085.3—2007	GB 36600—2018（第一类 筛选值）
铬(以总 Cr 计)	0.1	0.1	15	—
铜(以总 Cu 计)	1.0	1.0	100	2 000
锌(以总 Zn 计)	1.0	1.0	100	—
砷(以总 As 计)	0.05	0.05	5	20
汞(以总 Hg 计)	0.001	—	0.1	8
镉(以总 Cd 计)	0.01	0.01	1	20
铅(以总 Pb 计)	0.05	0.05	5	400

由表 4-10 可知,本标准的重金属含量限值等同于《软土固化剂》CJ/T 526—2018,为《危险废物鉴别标准 浸出毒性鉴别》GB 5085.3—2007 的限值缩小 100 倍,并且远低于《土壤环境质量 建设用地土壤污染风险管控标准(试行)》GB 36600—2018 的要求。因此,本标准的重金属含量限值不低于相关国标、行标的要求。

4.4 检验要求

4.4.1,4.4.2 土体硬化剂验收批量、取样和检验等是根据土体硬化剂的实际情况,同时参考现行国家标准《通用硅酸盐水泥》GB 175 制定的。

4.4.6 根据工程上的要求,生产厂家宜向用户提供以下可选性指标的检测报告。

1 可浸出重金属含量检测报告:部分工地对地下水环境保护要求较高。

2 3 d 加固土立方体抗压强度:有些工地的场地面积较小,要求搅拌桩置换土及时外运；有些工地工期较紧，要求在搅拌桩桩头的返浆表面尽快上设备，这些对3 d加固土强度提出较高要求。

3 3 d胶砂抗压强度：不同土体硬化剂生产厂家的技术体系和质量管理体系不同，部分厂家以3 d、7 d胶砂抗压强度作为早强型土体硬化剂的质量控制指标。

5 设 计

5.1 基坑工程和地基处理

近三年,土体硬化剂在基坑工程和地基处理的部分工程案例见表 5-1 所示,供设计单位参考。

表 5-1 土体硬化剂在基坑工程和地基处理的部分工程案例

序号	工程名称	基坑深度、围护、加固施工方案	土体硬化剂应用部位、施工工艺	土体硬化剂掺量	土体硬化剂加固处理方量	工程应用效果
1	华重维罗纳广场	基坑深 9.7 m,基坑支护北面和西面采用 850 mm 三轴搅拌桩内插 H 型钢,南面采用 850 mm 三轴搅拌桩+钻孔灌注桩,东面采用地下连续墙;坑内和坑边加固采用 700 mm 双轴搅拌桩,深坑加固采用 800 mm 高压旋喷桩	本项目的坑内加固,坑边加固和深坑加固均采用了土体硬化剂,施工工艺为 700 mm 双轴搅拌桩和 800 mm 高压旋喷桩	双轴搅拌桩的低掺量部分为 10%,高掺量部分为 13%;高压旋喷桩掺量为 25%	高压旋喷桩加固量为 4 436 m³;双轴搅拌桩 10%掺量部分的加固量为 8 405 m³,13%掺量部分加固量为 16 209 m³	工程应用效果超预期,现场检测的结果均满足设计要求

续表 5-1

序号	工程名称	基坑深度、围护、加固施工方案	土体硬化剂应用部位、施工工艺	土体硬化剂掺量	土体硬化剂加固处理方量	工程应用效果
2	世博文化公园温室花园	基坑深 9.55 m,基坑支护采用 850 mm 三轴搅拌桩内涌 H 型钢,坑内和坑边加固采用 700 mm 双轴搅拌桩,深坑加固采用 800 mm 高压旋喷桩	本项目的坑内加固、坑边加固和深坑加固均采用了土体硬化剂,施工工艺为 700 mm 双轴搅拌桩和 800 mm 高压旋喷桩	双轴搅拌桩的低掺量部分为 7%,高掺量部分为 13%;高压旋喷桩掺量为 25%	高压旋喷桩加固量为 4 832 m³;双轴搅拌桩 7% 掺量部分的加固量为 7 406 m³,13% 掺量部分加固量为 25 713 m³	工程应用效果较好,现场检测的结果均满足设计要求
3	中铁桃浦保障房项目	采用 700 mm 双轴搅拌桩、850 mm 三轴搅拌桩、650 mm 高压旋喷桩工艺,800 mm 高压旋喷桩工艺进行基坑支护、坑内坑边加固	本项目的坑内加固和深坑加固均采用了土体硬化剂,施工工艺为 700 mm 双轴搅拌桩以及 850 mm、650 mm 三轴搅拌桩、800 mm 高压旋喷桩	双轴掺量为 13%,三轴掺量为 20%,高喷掺量为 25%	三轴搅拌桩加固量为 5 991 m³、双轴搅拌桩加固量为 44 882 m³、高压旋喷桩加固量 11 212 m³	应用效果佳,获得客户满意,现场检测满足设计要求
4	苏州太湖新城住宅项目	基坑深 8 m,基坑支护采用 850 mm 三轴搅拌重力坝,坑内采用 700 mm 双轴搅拌桩	本项目基坑支护重力坝以及坑内加固均采用土体硬化剂,三轴搅拌桩和双轴搅拌桩	三轴搅拌掺量为 20%,双轴搅拌量为 13%	理论用量 18 500 m³	应用效果得到客户的积极认可,检查结果满足设计要求

续表 5-1

序号	工程名称	基坑深度、围护、加固施工方案	土体硬化剂应用部位、施工工艺	土体硬化剂掺量	土体硬化剂加固处理方量	工程应用效果
5	金山枫泾海玥灌庭商品房项目	基坑深5.5 m/9.7 m;浅基坑采用水泥土重力式围护墙,深基坑采用850 mm三轴搅拌桩+钻孔灌注桩;坑内和坑边加固均采用700 mm双轴搅拌桩,深坑加固采用800 mm高压旋喷桩	本项目的坑内加固,坑边加固和深坑加固均采用了土体硬化剂,施工工艺为700 mm双轴搅拌桩和800 mm高压旋喷桩	双轴搅拌桩的低掺量部分为8%,高掺量部分为13%;高压旋喷桩掺量为23%	双轴搅拌桩 8% 掺量部分的加固量为4 345 m³、13% 掺量部分的加固量为10 223 m³;高压旋喷桩加固量为9 093 m³	工程应用效果良好,现场检测结果均满足设计要求
6	长三角一体化绿色科技示范楼	基坑深 10.15 m;基坑围护结构采用PC工法组合钢管桩、支撑体系采用两道预应力型钢组合支撑;坑内和坑边加固采用700 mm双轴搅拌桩	本项目的坑内加固,坑边加固和深坑加固均采用了土体硬化剂,施工工艺为700 mm双轴搅拌桩	双轴搅拌桩的低掺量部分为8%,高掺量部分为13%	双轴搅拌桩 8% 掺量部分的加固量为1 600 m³、13% 掺量部分的加固量为2 700 m³	工程应用效果良好,现场检测结果均满足设计要求
7	上海交通大学新建闵行校区海洋科学大楼	一层地下室,基坑深度 6.1 m,基坑开挖面积 9 142 m²;基坑桩长558.9 m	SMW工法桩,H700×300@1 200,三轴搅拌桩 φ850@600	三轴搅拌桩采用掺入量18%土体硬化剂	三轴搅拌桩的用量为8 665 m³	H型钢插入过程顺利、间距和垂直度较好,止水效果较好,达到设计要求

续表 5-1

序号	工程名称	基坑深度、围护、加固施工方案	土体硬化剂应用部位、施工工艺	土体硬化剂掺量	土体硬化剂加固处理方量	工程应用效果
8	奉贤区实验小学新建综合楼工程	一层地下室，基坑开挖深度 5.0 m，开挖面积 6 500 m²，位于深厚的淤泥质土层中	围护结构为双排 700 mm 双轴搅拌桩内插入 H500×300@1 000 型钢	700 mm 双轴搅拌桩内采用 15% 土体硬化剂	700 mm 双轴搅拌桩用量为 7 865 m³	H 型钢插入过程顺利，间距和垂直度较好，强度达到设计要求
9	新建徐泾镇社区配套公共服务设施综合用房新建项目	1 层地下室，基坑深度 5.35 m，基坑开挖面积约 4 698 m²，周长约 272 m	围护结构为双排 700 mm 双轴搅拌桩内插入 H500×300@1 000 型钢，坑内加固、坑边加固均采用了土体硬化剂，施工工艺为 700 mm 双轴搅拌桩	双轴搅拌桩的低掺量部分为 8%，高掺量部分为 13%	700 mm 双轴搅拌桩用量为 6 685 m³	坑内加固、坑边加固和深坑加固均采用了土体硬化剂，开挖后基坑的变形较小，芯芯强度达 1.2 MPa
10	泰和水厂深度处理工程基坑围护结构	基坑面积为 130 m×180 m，基坑挖深 4.2 m～5.75 m，紧临正在运营的清水池，侧向压力大	1#、2#、3# 消毒接触池和 3#、4# 清水池基坑采用双轴搅拌桩组合形成的重力坝围护形式	用于重力坝施工的双轴搅拌桩土体硬化剂掺量为 13%，水灰比为 0.5～0.6	700 mm 双轴搅拌桩用量为 36 685 m³	基坑开挖后，重力坝变形量小于 45 mm，设计允许值。坝体的整体水性良好，不见渗透点

— 60 —

续表 5-1

序号	工程名称	基坑深度、围护、加固施工方案	土体硬化剂应用部位、施工工艺	土体硬化剂掺量	土体硬化剂加固处理方量	工程应用效果
11	泰和水厂深度处理工程坑底加固	基坑单边边长180 m，基坑挖深5.75 m，临近正在运营水池部分的坑底采用双轴搅拌桩进行加固	700 mm双轴搅拌桩连续裙边加固，加固宽度3.4 m，深度4.0 m	坑底以上低掺量部分为8%，坑底以下高掺量部分为13%	700 mm双轴搅拌桩用量为15 580 m³	基坑开挖后，基坑底的加固强度较高达到1.5 MPa，高于设计要求
12	临港污水处理厂提标工程	临港污水处理厂现状处理规模为8万m³/d，本次扩建土建规模为12万m³/d，设备规则安装6万m³/d规模（部分深度处理单体结合现状情况土建扩建规模10万m³/d，设备安装5万m³/d）。本工程涉及新建厂（构）筑物主要包括：细格栅及曝气沉砂池，AAO生物反应池，二沉池，二沉池配水井及污泥泵房，提升及纤维滤池，高效沉淀池，加氯接触池，鼓风机房，出水计量井、贮泥池等，深度分别为10 m～5 m	深池基坑采用SMW工法桩，H700×300＠1 200，三轴搅拌桩 φ850＠600；浅池基坑采用双轴搅拌桩组合形成的重力坝护形式	三轴搅拌掺入量20%；用于重力坝施工的双轴搅拌桩掺入的土体硬化剂掺量为13%，水灰比为0.5～0.6	土体硬化剂的总用量为15 000 t	H型钢桩插入过程顺利，间距和垂直度较好、强度达到设计要求。重力坝变形小于40 mm，小于设计允许值。坝体的整体性和止水性良好，不见渗透点

— 61 —

续表 5-1

序号	工程名称	基坑深度,围护、加固施工方案	土体硬化剂应用部位、施工工艺	土体硬化剂掺量	土体硬化剂加固处理方量	工程应用效果
13	临港科技创新城公租房	基坑共5个地块,均设一层地下室,开挖深度5.45 m,总面积4.5万 m²。设计的基坑围护结构为重力式挡土墙	采用了土体硬化剂作为搅拌桩的胶凝材料,施工工艺为700 mm双轴搅拌桩	土体硬化剂掺量为13%,水灰比为0.5~0.6	土体硬化剂的总用量为18 000 t	坝体的整体水性和止水性良好,不见渗透点
14	竹园污水一、二厂提标改造工程	调蓄池基坑面积约为35 317 m²,基坑平面分为二个区,Ⅰ区开挖深度17.6 m~25.5 m,Ⅱ区的开挖深度17.6 m,采用地下连续墙+支撑支护	三轴搅拌桩 φ850@600 作为地连墙的槽壁加固体和地连墙的接头止水结构	土体硬化剂掺量为20%,水灰比为1.5~2.0	土体硬化剂的总用量为12 000 t	形成的槽壁加固体使地下连续墙的沉槽壁非常规定,下挖后地培的内壁很光滑,止水性良好,不见渗透点

5.1.2 土体硬化剂适用于加固处理软塑和可塑性的淤泥质黏土、淤泥质粉质黏土、黏土、粉质黏土、粉土、素填土等。本标准主编单位之一——上海宝钢新型建材科技有限公司委托同济大学，参照行业标准《水泥土配合比设计规程》JGJ/T 233—2011,采用土体硬化剂与P•O42.5水泥，选取上海第④层淤泥质黏土作为加固对象，开展加固软土的工程特性室内实验，包括无侧限抗压强度实验、压缩实验、剪切实验和渗透试验，了解掺量和龄期等因素对加固土体的影响。

上海第④层淤泥质黏土的主要物理力学性质指标见表5-2。

表5-2 土样的基本物理力学指标

天然含水率 ω (%)	重度 γ (kN/m³)	孔隙比 e	液限 ω_L(%)	塑限 ω_p(%)	压缩系数 (MPa^{-1})	压缩模量 E_s(MPa)	粘聚力 c(kPa)	内摩擦角 φ(°)	渗透系数 (cm/s)
50.2	16.7	1.414	44.1	25.1	1.1	2.2	9.8	11.7	8.35e^{-08}

试验方案见表5-3。

表5-3 试验方案

土层	固化剂	固化剂掺量	水灰比	龄期
淤泥质黏土	水泥	10%,13%,16%	1	14 d,28 d,90 d
	土体硬化剂	8%,10%,13%,16%	1	14 d,28 d,90 d

1 重度试验

表5-4为加固土湿重度增加率，重度增加率=(加固土重度－水泥土重度)/水泥土重度。由表5-4可以得出：加固土重度与水泥土的重度相近，加固土的重度仅比水泥土重度增加0.5%～2.7%。因此，采用土体硬化剂加固软土地基时，其加固部分对于下部未加固部分不致产生过大的附加荷重，也不会产生较大的附加沉降。

表 5-4 加固土重度增加率

掺量(%)	龄期(d)	水泥土(kN/m³)	加固土(kN/m³)	增加率(%)
10	14	18.20	18.70	2.7
	28	18.63	18.73	0.5
	90	18.73	18.90	0.9
13	14	18.67	18.90	1.2
	28	18.73	19.03	1.6
	90	18.90	19.17	1.4
16	14	18.93	19.03	0.5
	28	19.00	19.37	1.9
	90	19.13	19.30	0.9

2 无侧限抗压强度试验

由表5-5可以看出,土体硬化剂加固淤泥质黏土无侧限抗压强度随掺量的增长趋势与水泥土类似,呈非线性增长。14 d龄期时,对于相同掺量的加固土和水泥土,加固土无侧限抗压强度为水泥土无侧限抗压强度的1.3倍~1.4倍;28 d龄期时,对于相同掺量的加固土和水泥土,加固土无侧限抗压强度为水泥土无侧限抗压强度的1.5倍~1.9倍;90 d龄期时,对于相同掺量的加固土和水泥土,加固土无侧限抗压强度为水泥土无侧限抗压强度的1.6倍~2.1倍。应用到实际工程中,基本上掺入8%的加固土抗压强度可以达到掺入10%的水泥土的抗压强度所要求的效果;掺入10%的加固土抗压强度可以达到掺入13%的水泥土的抗压强度所要求的效果;掺入13%的加固土抗压强度可以达到掺入16%的水泥土的抗压强度所要求的效果。通过以上分析表明,相较于水泥土,加固土的强度更高、用量更少,具有可观的经济优势。

表 5-5 加固土强度提高系数

掺量(%)	龄期(d)	水泥土(MPa)	加固土(MPa)	提高系数
8	14	—	0.45	—
	28	—	0.75	—
	90	—	1.20	—
10	14	0.43	0.61	1.42
	28	0.71	1.12	1.58
	90	0.99	1.55	1.57
13	14	0.68	0.97	1.43
	28	1.16	1.77	1.53
	90	1.54	2.45	1.59
16	14	0.89	1.16	1.30
	28	1.48	2.85	1.93
	90	1.99	4.12	2.07

3 压缩试验

由表 5-6 可以看出,土体硬化剂加固淤泥质黏土的压缩模量随掺量的增长趋势与水泥土基本一致且增长幅度呈非线性增长,压缩系数呈非线性减小。相同龄期时,加固土的压缩模量是水泥土的 1.1 倍～1.3 倍。加固土早期具有较高的压缩模量和较低的压缩系数,而且随着龄期增长其压缩模量提高也明显。

表 5-6 水泥土和加固土在荷载 100 kPa～200 kPa 范围内的压缩系数和压缩模量

掺量(%)	龄期(d)	水泥土		加固土	
		压缩系数 (MPa^{-1})	压缩模量 (MPa)	压缩系数 (MPa^{-1})	压缩模量 (MPa)
8	14	—	—	0.11	20.27
	28	—	—	0.07	30.41
	90	—	—	0.05	43.15

续表 5-6

掺量(%)	龄期(d)	水泥土 压缩系数(MPa^{-1})	水泥土 压缩模量(MPa)	加固土 压缩系数(MPa^{-1})	加固土 压缩模量(MPa)
10	14	0.10	21.37	0.08	25.81
10	28	0.10	31.61	0.06	35.41
10	90	0.05	43.20	0.04	49.81
13	14	0.08	26.08	0.06	33.81
13	28	0.08	37.64	0.05	44.25
13	90	0.04	49.83	0.03	60.87
16	14	0.06	33.83	0.05	38.71
16	28	0.06	46.49	0.04	52.03
16	90	0.43	60.92	0.03	66.47

4 剪切试验

由表 5-7、表 5-8 可以看出，土体硬化剂加固淤泥质黏土的抗剪强度随垂直压力的增长趋势与水泥土基本一致，抗剪强度与垂直压力成正比；相同掺量条件下，加固土内摩擦角略高于水泥土的内摩擦角，粘聚力为水泥土的 1.1 倍～1.3 倍，抗剪强度为水泥土的 1.1 倍～1.3 倍；加固土具有较高的早期粘聚力和早期抗剪强度，而且随着龄期增长提高也明显。

表 5-7 加固土的内摩擦角和内聚力

掺量(%)	龄期(d)	水泥土 内摩擦角(°)	水泥土 内聚力(kPa)	加固土 内摩擦角(°)	加固土 内聚力(kPa)
8	14	—	—	38.5	187
8	28	—	—	42.1	249
8	90	—	—	45.1	289

续表 5-7

掺量(%)	龄期(d)	水泥土 内摩擦角(°)	水泥土 内聚力(kPa)	加固土 内摩擦角(°)	加固土 内聚力(kPa)
10	14	39.0	178	40.7	221
10	28	41.9	221	44.5	286
10	90	44.2	238	48.3	312
13	14	41.2	205	43.0	261
13	28	44.3	231	47.0	329
13	90	46.2	270	50.5	356
16	14	43.5	238	45.4	310
16	28	46.8	263	50.6	380
16	90	48.8	305	52.6	474

表 5-8 垂直压力 100 kPa 下加固土抗剪强度提高系数

掺量(%)	龄期(d)	水泥土(kPa)	加固土(kPa)	提高系数
10	14	258	306	1.19
10	28	311	385	1.24
10	90	335	425	1.27
13	14	293	354	1.21
13	28	329	436	1.33
13	90	374	477	1.28
16	14	332	412	1.24
16	28	369	502	1.36
16	90	419	604	1.44

5 渗透试验

由表 5-9 可以看出，土体硬化剂加固淤泥质黏土的渗透系数为 0.97×10^{-8} cm/s $\sim 2.76\times10^{-8}$ cm/s，土体硬化剂对于提高上海第④层淤泥质黏土的抗渗性具有显著的作用。随着龄期的增加，同配合比的加固土和水泥土的渗透系数逐渐呈非线性减小，抗渗能力逐渐增强。加固土早期抗渗性较好,而且随着龄期增长其渗透系数减小也明显。

表 5-9 加固土渗透系数

掺量(%)	龄期(d)	加固土渗透系数 10^{-8}(cm/s)
8	14	2.76
	28	2.23
	90	1.92
10	14	2.17
	28	1.75
	90	1.56
13	14	1.84
	28	1.47
	90	1.29
16	14	1.42
	28	1.11
	90	0.97

5.1.3 试验结果表明(详见条文说明 4.3.3 条),对于上海地区第④层灰色淤泥质黏土,采用掺量 16% 水灰比 2.0 的施工参数,P·O42.5 水泥加固土体的效果相当于 1.0R 强度等级。因此,本标准规定"当加固处理黏性土、粉性土和砂土时,可采用 1.0、1.0R 及以上强度等级的土体硬化剂作为施工材料,取代相同掺量的 P·O42.5 水泥"。

一般情况下,应采用 1.0、1.0R 及以上强度等级土体硬化剂,完全取代 P·O42.5 水泥作为施工材料,可以一定程度上降低施工材料成本,提高 28 d 加固土强度。表 5-10 为总结现场取芯试验结果得出的经验值,供设计、施工参考。当不具备配合比试验数据时,可根据进行不同掺量、不同水灰比的取值。

表 5-10 掺量、水灰比参考取值

项目	水灰比	P·O42.5 水泥		1.0,1.0R		2.0,2.0R	
		掺量	水泥土无侧限强度	掺量	加固土无侧限强度	掺量	加固土无侧限强度
双轴搅拌桩	$W/C=0.8$	13%	0.6 MPa	13%	0.7 MPa	12%	0.8 MPa
双轴搅拌桩	$W/C=0.8$	15%	0.7 MPa	15%	0.9 MPa	14%	1.0 MPa
三轴～六轴搅拌桩	$W/C=1.5\sim2.0$	20%	0.5 MPa	20%	0.7 MPa	18%	1.0 MPa
高压旋喷桩	$W/C=1.0$	20%	0.8 MPa	20%	1.0 MPa	18%	1.0 MPa
		25%	1.0 MPa	25%	1.2 MPa	22%	1.2 MPa

5.1.4 对于一些特殊的施工条件,宜采用 3.0R 及以上强度等级的土体硬化剂作为施工材料,例如土的液限含水率较高、早期强度要求较高、地下水流速较快等,部分应用工程案例如下。

1 早期强度要求较高的应用案例

骏丰国际财富广场地处上海市大连路、四平路交会处,为地下二层结构。由于该工程所处的地质条件较差,地下淤泥质黏土的天然含水量高达 60%～70%,在地下基础施工中,围护结构出现安全隐患。上海基础工程集团有限公司使用了 3.0R 土体硬化剂,采用旋喷桩施工工艺,进行围护结构工程抢险,效果良好,使该工程顺利度过开挖危险期。

3.0R 土体硬化剂在该工程的应用数量达 3 000 t,掺量为 25%,加固淤泥质黏土数量总计达 10 000 m^3。经检测,旋喷桩的桩身强度超过 2.0 MPa,完全满足设计要求。

2 地下水流速较快的应用案例

在舟山中远船务工程有限公司码头护岸工程中,紧临海岸进行旋喷桩,地下水流速超过 200 μm/s。该工程 3.0R 土体硬化剂的掺量达 25%。宁波冶金勘察设计研究股份有限公司的钻孔取芯试验共抽检试桩 11 根,取芯深度为 0.90 m～1.55 m、7.00 m～8.05 m、14.5 m～15.0 m 三段,共取出有效芯样 33 只。在 33 只芯样的抗压强度结果中,最大值 1.77 MPa,最小值 1.46 MPa,平均值符合设计要求。

值得注意的是,在砂性土、粉砂的土体条件下,由于土体的渗透系数大,如果地下水流速高,固化材料易流失。因此,在这种土体渗透系数大、地下水流速高的工程环境,必须通过现场试验,确定加固方案。

5.2 路基工程

5.2.5、5.2.7 本标准编制组根据现行行业标准《公路工程无机结合料稳定材料试验规程》JTG E51,利用三种工程渣土,采用土体硬化剂和水泥两种无机结合料,配制用于路基填筑的稳定土,进行稳定土配合比设计和路用性能试验,包括最大干密度、最佳含水量、无侧限抗压强度、劈裂强度、水稳定性、抗压回弹模量(顶面法)等。

工程渣土的基本性能见表 5-11。

表 5-11 工程渣土的基本性能

工程渣土种类	来源	代号	颜色	天然含水率(%)	液限(%)	塑限(%)	塑性指数
淤泥质黏土	黄兴路基坑 8 m 土	CL1	灰色	44.0	32.3	20.4	11.9
淤泥质粉质黏土	申富路 2 m 土	CL2	灰色	38.0	37.0	17.0	20.0

对于淤泥质黏土,进行土体硬化剂(掺量为 7%)稳定土与水泥稳定土(掺量 5%、8%)性能进行对比;对于淤泥质粉质黏土,进行土体硬化剂(掺量为 7%)稳定土与水泥(掺量 5%)稳定土性能进行对比。

1 最大干密度和最佳含水率

按照上述配合比进行击实试验,得出不同水泥、土体硬化剂掺量的稳定土的最佳含水量和最大干密度,如图 5-1、图 5-2 所示。

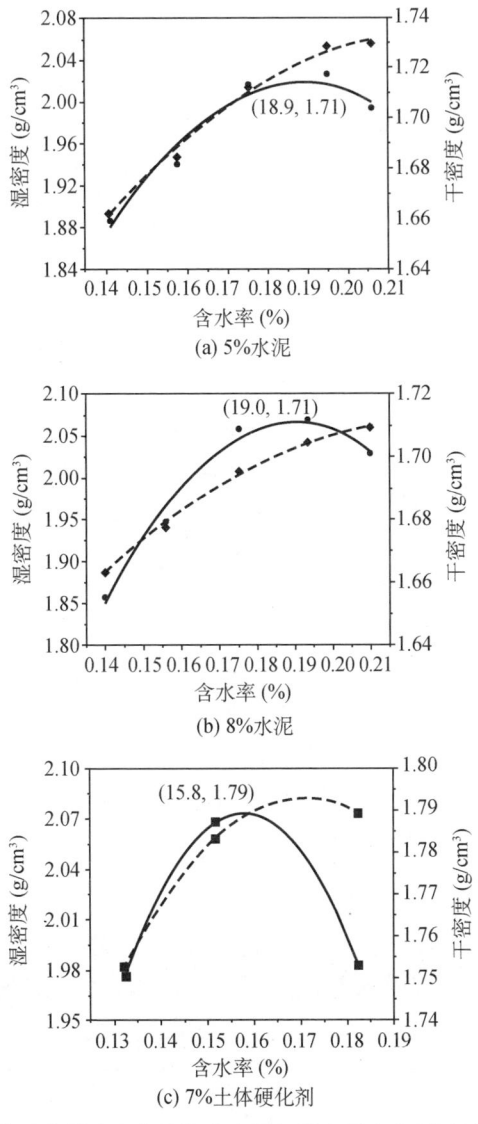

图 5-1 土体硬化剂稳定土最佳含水量与最大干密度(淤泥质黏土 CL1)

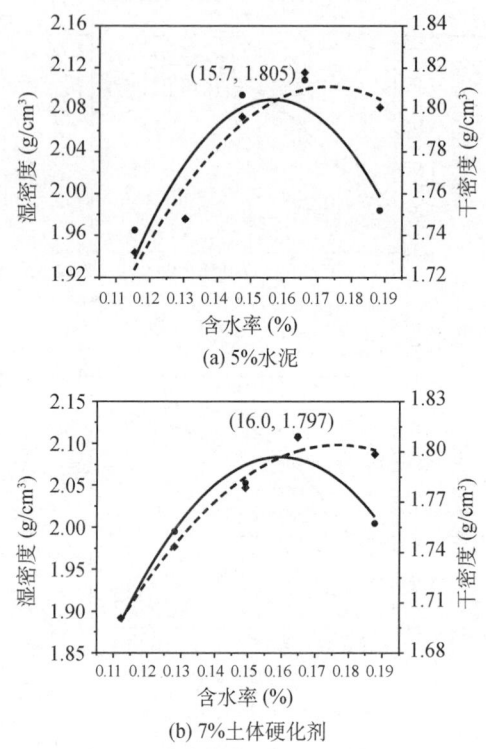

图 5-2 水泥稳定土、土体硬化剂稳定土最佳含水量与最大干密度
（淤泥质粉质黏土 CL2）

2 加固土无侧限抗压强度

根据最佳含水量与最大干密度值，作为静压法成型试件的含水率与干密度，试件无侧限抗压强度结果如表 5-12 所示。

表 5-12 稳定土无侧限抗压强度

土样	淤泥质黏土 CL1		淤泥质粉质黏土 CL2	
无机结合料	水泥	土体硬化剂	水泥	土体硬化剂
掺量	5%	8%	7%	5%	7%

续表 5-12

土样	淤泥质黏土 CL1		淤泥质粉质黏土 CL2		
无机结合料	水泥	土体硬化剂	水泥	土体硬化剂	
最佳含水量(%)	18.9	19.0	15.8	15.7	16.0
最大干密度(g/cm^3)	1.71	1.71	1.79	1.80	1.80
7 d 无侧限强度(MPa)	1.1	1.2	1.1	1.8	1.9
28 d 无侧限强度(MPa)	1.2	1.9	2.1	2.5	2.8

由表 5-12 可知,稳定土的 7 d 无侧限抗压强度为 1.1 MPa～1.9 MPa,满足现行行业标准《公路路面基层施工技术细则》JTG/T F20 中轻交通二级及二级以下公路的强度要求(1.0 MPa～3.0 MPa)。土体硬化剂(掺量 7%)稳定土 7d 无侧限抗压强度与水泥(掺量 5%)稳定土相当,28 d 无侧限抗压强度高于水泥(掺量 5%)稳定土。

3 稳定土路用性能与耐久性研究

依据现行行业标准《公路工程无机结合料稳定材料试验规程》JTG E51,研究稳定土的水稳定性、劈裂强度、回弹模量等路用性能及抗冻性等耐久性,土体硬化剂(掺量 7%)稳定土与力学性能相近的水泥(掺量 5%)稳定土性能进行对比。

表 5-13 水泥稳定土和土体硬化剂稳定土水稳定性试验结果

土	稳定土	水稳定性系数		劈裂强度(MPa)		抗压回弹模量(MPa)	冻融残留抗压强度比(%)
		7 d	28 d	28 d	90 d	28 d	28 d
淤泥质黏土 CL1	水泥稳定土	83	93	0.18	0.18	906	38
	土体硬化剂稳定土	100	100	0.25	0.29	981	62
淤泥质粉质黏土 CL2	水泥稳定土	111	121	0.29	0.32	1 121	67
	土体硬化剂稳定土	105	112	0.28	0.38	1 081	88

由表 5-13 可知：

① 对于淤泥质黏土 CL1，水泥稳定土 7 d 强度损失为 17%，土体硬化剂稳定土 7 d 强度无损失；水泥稳定土 28 d 强度损失为 7%，土体硬化剂稳定土 28 d 强度无损失，因此土体硬化剂稳定土的水稳定性优于水泥稳定土；对于淤泥质粉质黏土 CL2，浸水条件下水泥稳定土、土体硬化剂稳定土 7 d、28 d 无侧限抗压强度较标准养护相当。

② 对于淤泥质黏土 CL1，土体硬化剂稳定土 28 d、90 d 劈裂强度分别为 0.25MPa、0.29 MPa，高于水泥稳定土；对于淤泥质粉质黏土 CL2，土体硬化剂稳定土 28 d、90 d 劈裂强度分别为 0.28 MPa、0.38 MPa，与水泥稳定土相当。

③ 水泥稳定土、土体硬化剂稳定土 28 d 抗压回弹模量相当。经冻融循环后，土体硬化剂稳定土抗冻性优于水泥稳定土。

因此，土体硬化剂加固工程渣土的路用性能良好，适用于路基填筑。

6 施 工

6.1 基坑工程和地基处理

6.1.3 三轴~六轴搅拌桩、旋喷桩施工时,土体硬化剂浆液与地基土的拌合土的稠度应达到合适的范围。如果稠度过低,则搅拌桩设备的动力不足,达不到均匀搅拌的要求;如果稠度过高,则水灰比过大,造成加固土的强度降低。本标准总结工程实践的经验,提出"施工前,应进行工艺性试桩,拌合土的稠度应符合表6.1.3的规定。如稠度不符合要求,应经设计单位认可,方可提高水灰比"。

本标准编制组采用P·O42.5水泥和2.0R土体硬化剂,在相同掺量(20%)、不同水灰比的试验条件下,比较水灰比提高对无侧限抗压强度的影响。

表6-1 水灰比提高对无侧限抗压强度的影响

编号	固化剂	掺量	水灰比	稠度	无侧限强度(MPa)		强度下降幅度	
					7 d	28 d	7 d	28 d
1	P·O42.5	20%	1.0	110	1.33	2.52	—	—
2	A厂2.0R	20%	1.0	106	1.82	3.89	—	—
3	P·O42.5	20%	1.5	130	0.70	1.63	47%	35%
4	A厂2.0R	20%	1.5	125	1.05	2.52	42%	35%

注:土样取自为机场联络线工程(申滨南路与申昆路交叉口),埋深8 m的淤泥质粉质黏土,天然含水率40%

由表6-1可知,无论是P·O42.5水泥,还是土体硬化剂,如果水灰比从1.0提高至1.5,稠度有所提高,但是无侧限抗压强度明显降低,7 d强度降低42%~47%,28 d强度降低35%。因此,施工时,应严格控制水灰比,避免影响强度。

6.1.4 施工实践表明,在工地高速搅拌机拌制浆液时,掺加烧结脱硫灰的土体硬化剂易产生气泡,尤其在气温较高的天气时。浆液实测密度比理论计算的密度低2‰～5‰,浆液具有一定含气量。此外,土体硬化剂的密度为2.6 g/cm³～2.8 g/cm³,略轻于水泥(3.1 g/cm³),土体硬化剂的浆液密度略小。因此,本标准规定"施工时,应测定浆液相对密度",以确保喷浆量符合掺量的设计值。

6.1.5 本标准根据工程实践经验,提出施工时应控制喷浆提升速度,以保证搅拌的均匀性。根据国家和本市相关标准和规程,施工时提升速度可参照以下规定执行:

  1 深层搅拌法:按照现行行业标准《型钢水泥土搅拌墙技术规程》JGJ/T 199、现行上海市工程建设规范《五轴水泥土搅拌桩(墙)技术标准》DG/TJ 08—2277,规定如下:"深层搅拌法的下沉速度宜为0.5 m/min～1.0 m/min,提升速度宜为1.0 m/min～2.0 m/min"。

  2 高压喷射注浆法:国家标准《建筑地基基础工程施工质量验收规范》GB 50202—2013未规定。上海市工程建设规范《地基处理技术规范》DG/TJ 08—04—2010规定提升速度可取0.05 m/min～0.25 m/min,或根据工程要求和工程经验确定。

6.2 路基工程

6.2.2 淤泥、淤泥质(粉质)黏土、灰色软塑(粉质)黏土、工程泥浆压滤泥饼是制备土体硬化剂稳定土的主要来源。有机质含量高、成分复杂的地表耕植土、杂填土、泥炭土、河底淤泥、沼泽土、腐殖质土、污染土不得制备成稳定土。

  因固化机理不同,不同的软土固化剂对于工程渣土中的有机质含量控制要求也不相同。本条参考现行行业标准《土壤固化剂应用技术标准》CJJ/T 286 的规定,有机质含量上限按 10%控制。

6.2.3 对于快速路和主干路,路基应处于干燥或中湿状态;对于次干路和支路,路基宜处于干燥或中湿状态。否则,应采取翻晒、换填、改良、地基处理或设置隔水层、降低地下水位等措施。

6.2.4 集中厂拌法施工安排相对灵活,施工作业面占用小,拌合较均匀,施工质量较好,但有二次运输成本。路拌法具有施工方便,避免材料二次运输,成本低的优势,但路拌法的缺点也十分明显:①拌合均匀性较不足,容易产生素土夹层,影响施工质量;②路拌法施工受降雨等天气制约影响工期;③路拌法施工存在扬尘现象。因此,在具备厂拌条件时,应采用厂拌法施工。

6.2.5 目前市场上常见的拌合设备有加固土拌合机、强制式拌合机、多向切割搅拌机、冷再生机联合作业机组等。加固土的拌合效果关系到路基工程的质量,应选择能够拌和均匀、适合基土土质与工艺的拌和设备。

7 质量检验

7.1 基坑工程和地基处理

7.1.2 由于室内试验是在标准条件下进行，搅拌较均匀。而现场施工时，由于搅拌不均匀、计量控制误差、土质和天然含水率波动、地下水影响等因素，桩身强度通常低于室内试验的强度。因此，应进行现场试验，检验土体硬化剂的实际效果，为设计方案提供技术依据。

相对于其他检验方法，钻孔取芯的检验方法最直接反映地基加固工程的质量，无侧限抗压强度是加固土最重要的技术指标。本标准对钻孔取芯的检验方法进行了具体的规定，突出了钻孔取芯的重要性，体现了标准的严谨性和先进性。

本标准提出的加固土芯样试件高径比修正系数，取自江苏省地方标准《公路工程水泥搅拌桩成桩质量检测规程》DB32/T 2283—2012。

土体硬化剂用于地基处理加固土承载桩的工程实例如下。

[工程实例1] 浦钢搬迁Ⅱ标段

浦钢搬迁工程是2010年上海世博会配套建设项目，4 200 mm宽厚板轧Ⅱ标示整个浦钢搬迁工地最大的项目，主厂房建筑面积达10万 m^2，施工单位为中国二十冶特种公司。

在该工程的加热炉风机房，采用搅拌桩加固地基，搅拌桩桩长为15 m，设计要求桩身强度达到1.0 MPa以上。该工程使用了4 000 t土体硬化剂，掺量为13%，共加固土体16 000 m^3。施工完成28 d后，进行钻孔取芯试验。对整根桩进行钻孔取芯，将整根桩等分成上、中、下三段，每段分别制作一块试件，进行室内抗压强度试验。检验结果见表7-1。

表7-1 土体硬化剂搅拌桩钻孔取芯试验结果

桩号	试件尺寸(mm)	抗压强度(MPa)
556#	φ78×78	1.20
	φ78×78	1.09
	φ78×78	1.14
1381#	φ78×78	1.64
	φ78×78	1.31
	φ78×78	1.70
2576#	φ78×78	1.38
	φ78×78	1.76
	φ78×78	1.63

由表7-1的现场取芯试验结果可知,尽管从表层的褐黄色粉质黏土到深层的淤泥质黏土,土体的天然含水率变化较大,但土体硬化剂搅拌桩的桩身强度比较均匀,不同深度的取芯强度均达到设计要求值(1.0 MPa)。

[工程实例2]青岛大炼油建设场地的搅拌桩试验

青岛大炼油建设场地地面下0.0 m～2.1 m为回填土,2.1 m～5.0 m为淤泥质土,5.0 m以下为粉质黏土。设计采用深层搅拌桩进行加固,搅拌桩桩径600 mm,平均桩长7 m;桩端进入地基土第③层粉质黏土1.5 m～2.0 m,1区土体硬化剂掺量为18%,2区为15%。

表7-2～表7-7为搅拌桩现场取芯加固土无侧限抗压强度检测结果。表7-8为1、2区搅拌桩加固各土层不同龄期无侧限抗压强度汇总表。

表7-2 搅拌桩试桩1区取芯样无侧限抗压强度(7 d)

序号	编号	取样深度(m)	抗压强度(MPa)	土体硬化剂掺量(%)	龄期(d)	土层条件
1	1-J18	1.0～1.2	6.2	18	7	填土
2	1-J18	4.0～4.2	0.5	18	7	淤泥质粉土
3	1-J18	4.7～5.0	0.3	18	7	淤泥质粉土
4	1-J18	5.1～5.3	0.4	18	7	淤泥质粉土
5	1-J31	1.2～1.4	5.5	18	7	填土
6	1-J31	2.8～3.1	0.5	18	7	淤泥质粉土
7	1-J31	3.8～4.1	1.4	18	7	淤泥质粉土
8	1-J31	4.8～5.0	0.7	18	7	淤泥质粉土

表7-3 搅拌桩试桩1区取芯样无侧限抗压强度(14 d)

序号	编号	取样深度(m)	抗压强度(MPa)	土体硬化剂掺量(%)	龄期(d)	土层条件
1	1-J11	1.5～1.7	5.9	18	14	填土
2	1-J11	3.5～3.7	4.5	18	14	淤泥质粉土
3	1-J11	3.5～3.7	4.0	18	14	淤泥质粉土
4	1-J11	4.1～4.2	4.3	18	14	淤泥质粉土
5	1-J27	1.5～1.6	5.9	18	14	填土
6	1-J27	2.5～2.7	0.5	18	14	淤泥质粉土
7	1-J27	2.5～2.7	0.5	18	14	淤泥质粉土
8	1-J27	3.5～3.7	1.0	18	14	淤泥质粉土
9	1-J27	4.5～4.7	5.6	18	14	淤泥质粉土
10	1-J27	4.5～4.7	5.2	18	14	淤泥质粉土

表7-4 搅拌桩试桩1区取芯样无侧限抗压强度(28 d)

序号	编号	取样深度(m)	抗压强度(MPa)	土体硬化剂掺量(%)	龄期(d)	土层条件
1	1-J15	1.5～1.6	7.0	18	28	填土

续表 7-4

序号	编号	取样深度(m)	抗压强度(MPa)	土体硬化剂掺量(%)	龄期(d)	土层条件
2	1-J15	3.0~3.2	3.2	18	28	淤泥质粉土
3	1-J15	3.9~4.1	3.6	18	28	淤泥质粉土
4	1-J15	4.8~4.9	7.1	18	28	淤泥质粉土
5	1-J33	1.5~1.6	6.1	18	28	填土
6	1-J33	3.0~3.1	3.9	18	28	淤泥质粉土

表 7-5　搅拌桩试桩 2 区取芯样无侧限抗压强度(7 d)

序号	编号	取样深度(m)	抗压强度(MPa)	土体硬化剂掺量(%)	龄期(d)	土层条件
1	2-J23	1.5~1.7	3.7	15	7	填土
2	2-J23	3.0~3.4	0.3	15	7	淤泥质粉土
3	2-J23	4.0~4.4	0.3	15	7	淤泥质粉土
4	2-J31	1.5~1.8	3.7	15	7	填土
5	2-J31	1.5~1.8	3.7	15	7	填土
6	2-J31	3.0~3.4	2.5	15	7	淤泥质粉土
7	2-J31	3.0~3.4	0.6	15	7	淤泥质粉土
8	2-J31	4.0~4.3	0.6	15	7	淤泥质粉土
9	2-J31	4.0~4.3	0.3	15	7	淤泥质粉土
10	2-J31	5.0~5.3	0.4	15	7	淤泥质粉土
11	2-J31	5.0~5.3	0.3	15	7	淤泥质粉土

表 7-6　搅拌桩试桩 2 区取芯样无侧限抗压强度(14 d)

序号	编号	取样深度(m)	抗压强度(MPa)	土体硬化剂掺量(%)	龄期(d)	土层条件
1	2-J7	1.5~1.6	6.4	15	14	填土
2	2-J7	2.7~2.8	3.0	15	14	淤泥质粉土
3	2-J7	3.5~3.6	2.5	15	14	淤泥质粉土

续表 7-6

序号	编号	取样深度(m)	抗压强度(MPa)	土体硬化剂掺量(%)	龄期(d)	土层条件
4	2-J7	4.5~4.6	1.3	15	14	淤泥质粉土
5	2-J20	1.5~1.6	3.3	15	14	填土
6	2-J20	2.6~2.75	2.9	15	14	淤泥质粉土
7	2-J20	3.5~3.6	2.5	15	14	淤泥质粉土
8	2-J20	4.3~4.5	2.4	15	14	淤泥质粉土

表 7-7 搅拌桩试桩 2 区取芯样无侧限抗压强度(28 d)

序号	编号	取样深度(m)	抗压强度(MPa)	土体硬化剂掺量(%)	龄期(d)	土层条件
1	2-J15	1.4~1.5	6.9	15	28	填土
2	2-J15	2.8~3.0	3.1	15	28	淤泥质粉土
3	2-J15	3.8~3.9	4.3	15	28	淤泥质粉土
4	2-J15	4.7~4.8	3.2	15	28	淤泥质粉土
5	2-J28	1.5~1.6	6.9	15	28	填土
6	2-J28	2.6~2.7	4.5	15	28	淤泥质粉土
7	2-J28	4.6~4.8	4.3	15	28	淤泥质粉土
8	2-J28	4.6~4.8	4.3	15	28	淤泥质粉土

表 7-8 搅拌桩 1、2 区加固各土层在不同龄期的强度汇总

内容	地层	7 d 强度(MPa)	14 d 强度(MPa)	28 d 强度(MPa)	备注
1 区	填土	5.85	5.9	6.55	土体硬化剂掺量18%
	淤泥质粉土	0.6	3.2	4.45	
2 区	填土	3.7	4.85	6.9	土体硬化剂掺量15%
	淤泥质粉土	0.66	2.43	3.95	
室内试件试验	淤泥质粉土	2.9	3.8	4.6	土体硬化剂掺量15%

表 7-9 为现场搅拌桩单桩竖向抗压承载力静载荷试验结果。

表 7-9 单桩承载力试验结果

试点号	最大加载量 (kN)	最大沉降量 (mm)	极限承载力 (kN)	承载力特征 值(kN)	承载力特征值时 对应沉降量(mm)
1-1	406	21.57	406	203	3.82
1-2	616	10.01	616	308	3.44
1-3	1 134	58.37	1 008	500	6.09
1-4	2 521	39.27	521	260	8.63
1-5	2 310	36.58	477	238	7.17
2-1	616	13.15	616	308	3.51
2-2	1 008	54.94	924	462	4.60
2-3	616	13.48	616	308	3.58
2-4	2 521	31.04	521	260	8.83
2-5	2 521	30.23	521	260	6.40

该项目的搅拌桩取芯和单桩竖向抗压承载力静载荷试验结果均符合设计要求。

7.1.3 土体硬化剂用于基坑围护加固土围护桩的工程实例

1 [工程实例 1]虹口区凉城地区社区中心场地改造项目

1) 场地地质条件

第①层填土,平均层厚 1.28 m;第②层粉质黏土,平均厚度 1.80 m;第③层淤泥质粉质黏土,平均厚度 4.81 m;第③$_a$ 层黏质粉土,平均厚度 2.05 m;第④层淤泥质黏土,平均厚度 6.53 m。

各土层的主要物理力学性质如表 7-10 所示。

表 7-10 试验场地各土层物理力学性质一览表

土层	平均层 厚(m)	重度 (kN/m^3)	含水率 (%)	直剪固快 (峰值)		标贯 击数 (击)	比贯入 阻力 (MPa)
				$\varphi(°)$	c(kPa)		
①填土	1.28	—	—	—	—		

续表 7-10

土层	平均层厚(m)	重度(kN/m³)	含水率(%)	直剪固快(峰值) $\varphi(°)$	直剪固快(峰值) c(kPa)	标贯击数(击)	比贯入阻力(MPa)
②粉质黏土	1.80	18.5	31.6	22.5	20	3.0	0.97
③淤泥质粉质黏土	4.81	17.5	41.1	15.2	10	—	0.64
③$_a$黏质粉土	2.05	18.7	28.6	31.7	3	7.4	1.96
④淤泥质黏土	6.53	16.8	49.3	11	10	—	0.53

2）试桩施工计划

为了检测土体硬化剂和普通硅酸盐水泥的性能差异，对于本次原位试验进行了以下计划安排：

（1）胶结材料选用土体硬化剂和 P·O42.5 水泥两种。

（2）施工机械采用市场上应用广泛的 SJB-2 型双轴搅拌桩机，每台搅拌机配置灰浆搅拌机、灰浆泵、电气控制柜、自动流量计各 1 台及其他辅助设备。

（3）根据检测需要及现场场地条件，共施工 18 根搅拌桩，桩长均为 11 m（考虑搅拌桩施工前开槽定位的深度在 1.0 m 左右，则搅拌桩桩端入土深度约为 12.0 m），桩端进入第④层淤泥质黏土深度在 2.0 m 左右。

（4）18 根搅拌桩的具体安排：共 12 根搅拌桩采用土体硬化剂进行施工，其中 6 根掺量为 10%，其余 6 根掺量为 13%；另外 6 根搅拌桩采用普硅水泥施工，水泥掺量为 13%。

（5）检测项目安排如表 7-11 所示。

表 7-11 搅拌桩取芯试验时间

搅拌桩编号	胶结材料	掺量	检测项目	养护期
1#～3#	土体硬化剂	10%	取芯试验	21 d
4#～6#	土体硬化剂	10%	取芯试验	40 d
7#～9#	土体硬化剂	13%	取芯试验	21 d

续表 7-11

搅拌桩编号	胶结材料	掺量	检测项目	养护期
10#～12#	土体硬化剂	13%	取芯试验	40 d
13#～15#	P·O42.5 水泥	13%	取芯试验	21 d
16#～18#	P·O42.5 水泥	13%	取芯试验	40 d

注：在原位检测过程中，为了直观了解由土体硬化剂施工的搅拌桩的均匀性及加固土强度增长情况，又增加了 4# 和 12# 孔的原位标准贯入试验。

3）原位标准贯入试验检测

2 根搅拌桩的标准贯入试验结果如表 7-12 所示。

表 7-12 搅拌桩标准贯入试验结果一览表

试验桩号	技术指标	试验深度(m)										
		1.0	2.0	3.0	4.0	5.0	6.0	7.0	8.0	9.0	10.0	11.0
4#	标贯击数(击)	15	74	66	96	91	68	87	65	65	64	56
	估算 P_s 值(MPa)	3.75	17.5	23.3		17.8			15.1			
12#	标贯击数(击)		80	74	105	77	71	70	78	52	25	33
	估算 P_s 值(MPa)	3.75	19.2		22.8			16.9			7.2	
原状土	层序	②	③		③ₐ			③			④	
	P_s	0.97	0.64		1.96			0.64			0.53	

由表 7-12 可得出以下结论：

（1）经土体硬化剂搅拌加固后，土体强度明显增长，按 $f_{cu} = P_s/10$ 进行估算，10%～13% 掺量 40 d 龄期的无侧限抗压强度均达到 1.5 MPa。

（2）第③层的强度增长比例较大，而第③ₐ层虽然强度增长比例不是最大的，但其强度仍是最高的。

(3)第④层由于本身土性和深度等原因,相对强度较低,这与常规的经验也是较为符合的。

4)钻探取芯无侧限抗压强度试验检测

现场钻探取芯试样使用STYE-2000B型压力试验机进行无侧限抗压强度试验,如表7-13所示。

表7-13 钻探取芯无侧限抗压强度结果一览表

芯样编号	取样深度(m)	养护时间(d)	固化剂类型	掺量	无侧限抗压强度(MPa)
1-3	5.0	21	土体硬化剂	10%	1.52
1-4	8.0				0.81
2-1	1.5				1.15
2-2	3.0				1.47
2-3	5.0				1.43
2-4	7.0				1.67
3-1	1.5				0.62
3-3	5.0				1.56
3-4	8.0				1.35
3-5	10.7				0.47
平均值(MPa)					1.24
7-1	1.5	21	土体硬化剂	13%	0.96
7-2	5.0				1.28
7-4	9.5				1.01
8-2	3.0				1.95
8-3	3.3				1.58
8-4	4.0				3.31
8-5	5.0				1.46
8-6	7.5				1.47
平均值(MPa)					1.46

续表 7-13

芯样编号	取样深度（m）	养护时间（d）	固化剂类型	掺量	无侧限抗压强度（MPa）
5-4	3.5				1.28
5-6	5.0				1.25
5-7	6.0				1.13
5-8	7.0				1.22
5-9	8.0				0.97
5-12	10.7				0.73
6-1	1.0	40	土体硬化剂	10%	1.71
6-2	2.0				2.63
6-4	4.0				0.83
6-5	5.0				1.53
6-7	7.0				1.01
6-9	9.0				1.07
6-11	10.7				1.61
平均值(MPa)					1.24
10-2	3.0				0.91
10-3	4.0				1.36
10-4	5.0				0.97
10-5	6.0				2.02
10-6	7.0				1.02
10-7	8.0	40	土体硬化剂	13%	1.17
10-8	9.0				0.88
11-1	2.0				1.62
11-2	3.0				0.50
11-3	3.5				2.81
11-4	4.0				1.82
11-5	5.0				1.70

续表 7-13

芯样编号	取样深度(m)	养护时间(d)	固化剂类型	掺量	无侧限抗压强度(MPa)
11-6	6.0	40	土体硬化剂	13%	2.03
11-7	7.0				1.21
11-8	8.0				1.65
平均值(MPa)					1.41
17-1	1.0	40	P·O42.5水泥	13%	0.38
17-2	2.0				0.18
17-4	4.0				0.87
17-5	5.0				1.94
17-9	9.0				0.32
平均值(MPa)					0.74

注：1 以上芯样编号由两个数字组成，其中前一个数字表示该芯样取自的搅拌桩编号，第二个数字表示该芯样在该搅拌桩中所有芯样的序号。
2 除P·O42.5水泥芯样的无侧限抗压强度值为所有试样试验值的算术平均值以外，其余平均值均为去除该类型芯样中一个最大值和一个最小值之后的算术平均值。

由表7-13的无侧限抗压强度试验结果可以得到以下结论：

（1）采用土体硬化剂的搅拌桩桩身强度明显要高于采用P·O42.5水泥的搅拌桩的强度，其中10%掺量的土体硬化剂搅拌桩强度约为13%掺量的水泥土搅拌桩强度的1.67倍，13%掺量的土体硬化剂搅拌桩强度约为13%掺量的水泥土搅拌桩强度的2倍。

（2）掺量的增加对于搅拌桩强度有较为明显的影响，其中13%土体硬化剂掺量的搅拌桩约比10%搅拌桩强度高约15%。

（3）相同掺量、养护龄期分别为21 d和40 d的土体硬化剂搅拌桩芯样强度并没有明显提高，说明土体硬化剂在21 d已基本完成水化反应。

（4）芯样无侧限抗压强度在距离桩顶较浅处离散性较大，

而中下部位置(桩顶4 m以下)则相对较为稳定。说明浅部土样综合受到搅拌施工、钻孔取芯施工以及外界温度等的综合影响比较大,从而导致更大的离散性。同时,距离桩顶8.0 m以下加固土强度明显降低,说明软土含水率提高对加固土的强度有所影响。

(5) 40 d养护龄期、13%掺量的水泥土搅拌桩芯样的无侧限抗压强度试验,仍不能满足基坑围护工程中对其要求的28 d无侧限抗压强度不小于0.8 MPa~1.0 MPa的要求。这也在一定程度上反映了现今搅拌桩施工质量和搅拌桩强度的现状。

5) 两种固化材料在同一土层的取芯强度对比分析

根据表7-13的检测结果,对于相同养护期(40 d)、相同取芯深度(1.0 m,2.0 m,4.0 m,5.0 m,9.0 m),将掺量13%水泥土搅拌桩与掺量10%、13%的土体硬化剂搅拌桩进行取芯强度对比,结果列于表7-14。

表7-14 两种固化材料在同一土层的取芯强度对比分析

取芯深度(m)	水泥土		加固土			加固土		
	掺量	强度(MPa)	掺量	强度(MPa)	比水泥土提高(降低)幅度	掺量	强度(MPa)	比水泥土提高(降低)幅度
1.0	13%	0.38	10%	1.71	350%	13%	—	—
2.0		0.18		2.63	1 360%		—	—
4.0		0.87		0.83	−5%		1.36	56%
5.0		1.94		1.53	−21%		0.97	−50%
9.0		0.32		1.07	234%		0.88	175%

由表7-14,相同养护期(40 d),两种固化材料在同一土层的取芯强度对比分析如下:

(1) 土体硬化剂搅拌桩的取芯强度较稳定,最低0.83 MPa,

最高 2.63 MPa,所有检测结果均满足设计要求。而水泥搅拌桩的取芯强度较离散,最低仅 0.18 MPa,最高 1.94 MPa,深度 1.0 m、2.0 m、9.0 m 的取芯强度达不到设计要求。

(2) 在 1.0 m、2.0 m、9.0 m 三种取芯深度,10%掺量的土体硬化剂搅拌桩的取芯强度,分别比 13%掺量水泥土搅拌桩的取芯强度提高 3.5 倍、13.6 倍、2.34 倍。说明在以上三种浅层和深层的深度,土体硬化剂的加固效果均远远优于水泥。

(3) 在 4.0 m 取芯深度,10%、13%掺量的土体硬化剂搅拌桩的取芯强度,分别比 13%掺量水泥土搅拌桩的取芯强度降低 5%、提高 56%。说明在 4.0 m 深度,相同掺量下,土体硬化剂的加固效果仍优于水泥。

(4) 在 5.0 m 取芯深度,尽管 10%、13%掺量的土体硬化剂搅拌桩的取芯强度,分别比 13%掺量水泥土搅拌桩的取芯强度降低 21%、50%,但土体硬化剂搅拌桩的取芯强度仍达到设计要求。水泥土在 1.0 m、2.0 m、9.0 m 三种取芯深度的强度均不理想,但是在 5.0 m 深度的强度很高,可能与搅拌不均匀、局部处水泥含量富集有关。

综上所述,土体硬化剂可以替代普通水泥在搅拌桩工程中加以利用,并且土体硬化剂加固效果总体上远远优于水泥加固土。

2 [工程实例 2]上海闵行宝龙城市广场项目

1) 场地地质条件

上海闵行宝龙城市广场项目位于德福路以东、天祝路以南、阿克苏路以西、宝塔路以北,总占地面积约 4.1 万 m^2。

勘察报告表明,拟建场地在勘察深度(最大深度为 90 m)范围内揭露的地基土均属于第四纪沉积物,主要有黏性土、粉性土及砂性土组成。根据地基土的成因、时代、结构特征及物理力学性质指标等综合分析,可划分为 9 个工程地质及分属不同工程地质层的亚层。

(1) 第①层素填土层,以黏性土为主,场地内填土平均厚度 0.55 m。

(2) 第②$_2$层褐黄~灰黄色粉质黏土层,场地普遍分布,平均厚度 1.45 m,层位分布较平稳。

(3) 第②$_3$层灰色黏质粉土层,含云母,夹薄层粉砂,干强度中等,土质欠均匀,普遍分布,平均厚度 0.54 m。

(4) 第③层灰色淤泥质粉质黏土,含云母,夹薄层粉砂,普遍分布,层位分布均匀,平均厚度 6.28 m。

(5) 第④层灰色淤泥质黏土,含有机质,有光泽,普遍分布,层位埋深较平稳,平均厚度 7.12 m。

(6) 第⑤层灰色粉质黏土,含云母及贝壳碎屑,夹薄层粉砂,古河道区有分布,平均厚度 7.94 m。

(7) 第⑥层暗绿色粉质黏土,含氧化铁斑点,在古河道分布区,局部有缺失,平均厚度 2.97 m。

(8) 第⑦层草黄色砂质粉土,在古河道分布区,局部有缺失;在正常沉积区其层位分布较平稳,平均厚度 8.12 m。

2) 施工计划及检测方案

(1) 施工计划:宝龙城市广场项目采用现有的五轴搅拌搅拌施工工艺和施工机械进行土体硬化剂搅拌桩的施工,并对成桩后的质量进行检测。同时为了与水泥搅拌桩的成桩质量进行对比,在试验场地相应施工了五轴水泥搅拌桩,并采用相同的检测方法对其成桩质量进行检测分析。

(2) 检测方案:根据试验要求,对已竣工的土体硬化剂搅拌桩和水泥搅拌桩随机、均匀抽检,分别按钻孔取芯芯样的硬度或状态检验、现场标准贯入试验、芯样无侧限抗压强度试验和水泥搅拌桩桩体质量指标 I_q 值四个方面的指标进行桩身施工质量综合评价。土体硬化剂搅拌桩和水泥搅拌桩桩身质量检测工作计划详见表 7-15。

表 7-15 检测工作汇总

项目	五轴搅拌桩	
土体固化剂	土体硬化剂	水泥
桩长（m）	25	14
掺量（%）	10、13	13
检测龄期（d）	14、28	14、28
抽检数量	每个龄期 3 根	每个龄期 3 根

（3）现场试验方案

评定标准如下：

① 计算各分层得分时，对于每层检测成果，标贯击数按 70% 计，无侧限抗压强度按 15% 计，硬度或状态描述按 10% 计，桩体质量指标按 5% 计。

② 当某层缺无侧限抗压强度的检测数据时，则不计该检测项目，按标贯击数按照 80%，硬度或状态描述按 10%，桩体质量指标按 10%，计算该层分数。

③ 根据各分层得分，采用层厚加权平均分为该抽检桩的综合得分，如表 7-16 所示。

表 7-16 计分办法

土名	硬度或状态		标准贯入试验		无侧限抗压强度		桩体质量指标	
	硬度	记分	击数	记分	强度（MPa）	记分	I_q（%）	记分
桩体土	坚硬	100	≥20	100	≥0.50	100	≥55	100
	硬塑	75	10	75	0.20	75	40	75
	软塑～可塑	25～50	4	50	0.03	50	25	50
	流塑	0	<4	0	<0.03	0	<10	0

注：1 标贯击数、无侧限抗压强度和桩体质量指标等指标在中间值时，采用线性插入法计分。

2 当硬度或状态描述介于两种状态之间时取中值。

3）检测数据及结果分析

根据试验要求,对已竣工的土体硬化剂搅拌桩和水泥搅拌桩进行抽检,分别按钻孔取芯芯样的硬度或状态检验、现场标准贯入试验、芯样无侧限抗压强度试验和水泥搅拌桩桩体质量指标I_q值四个指标进行桩身施工质量综合评价,搅拌桩桩身质量评定汇总如表7-17所示。

表7-17 搅拌桩桩身质量评定汇总

编号	桩排号（排-号）	设计桩长（m）	实际桩长（m）	土体固化剂	掺量（%）	龄期（d）	综合得分
zk-4	2-1	25	25	土体硬化剂	10	14	97.1
zk-5	2-2	25	25	土体硬化剂	10	15	96.3
zk-6	2-3	25	25	土体硬化剂	10	15	98.8
zk-7	2-4	25	25	土体硬化剂	13	16	89.7
zk-8	2-5	25	25	土体硬化剂	13	16	100
zk-9	2-6	25	25	土体硬化剂	13	17	99.9
zk-15	2-9	25	25	土体硬化剂	13	27	97.7
zk-16	2-10	25	25	土体硬化剂	13	28	98.0
zk-17	2-11	25	25	土体硬化剂	13	28	99.6
zk-18	2-12	25	25	土体硬化剂	10	29	97.6
zk-19	2-13	25	25	土体硬化剂	10	29	97.7
zk-20	2-14	25	25	土体硬化剂	10	30	98.3
zk-1	1-1	14	14	水泥	13	13	73.7
zk-2	1-2	14	14	水泥	13	14	74.0
zk-3	1-3	14	14	水泥	13	14	75.3
zk-11	1-4	14	14	水泥	13	28	85.6
zk-12	1-5	14	14	水泥	13	28	74.0
zk-13	1-6	14	14	水泥	13	28	88.1

表 7-17 列出了土体硬化剂五轴搅拌桩和水泥五轴搅拌桩 14 d 龄期和 28 d 龄期抽检桩的评分结果。从表中可以看出,土体硬化剂五轴搅拌桩的综合得分明显高于水泥搅拌桩五轴搅拌桩的综合得分,说明了采用土体硬化剂的五轴搅拌桩桩身质量好于采用普通水泥的五轴搅拌桩桩身质量。同时,从土体固化剂的掺量对比来看,掺量 10% 的土体硬化剂五轴搅拌桩综合得分比掺量 13% 的水泥五轴搅拌桩综合得分要高。这表明当采用土体硬化剂作为土体加固材料时,要达到一定掺量水泥所达到的搅拌桩桩身质量,土体硬化剂的用量要小于水泥的用量。因此,土体硬化剂具有很好的经济效益。

对土体硬化剂五轴搅拌桩和水泥五轴搅拌桩抽检结果的综合得分进行进一步分析,计算各掺量的五轴搅拌桩 14 d 龄期和 28 d 龄期的抽检桩的平均综合得分,得到综合得分对比直方图(图 7-1)。从图 7-1 中可以看出,掺量 10% 和 13% 的土体硬化剂搅拌桩的平均综合得分明显高于掺量 13% 的水泥搅拌桩的平均综合得分。掺量 10% 的土体硬化剂搅拌桩平均综合得分高于水泥搅拌桩的平均综合得分 31.1%(14 d)和 18.5%(28 d);掺量 13% 的土体硬化剂搅拌桩平均综合得分高于水泥搅拌桩的平均综合得分 29.9%(14 d)和 19.1%(28 d)。

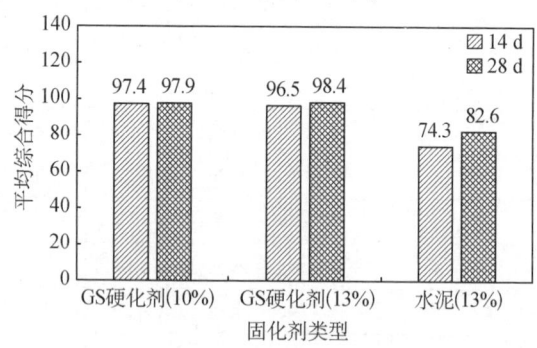

图 7-1 综合得分对比

随着龄期的增加,水泥搅拌桩的桩身强度会增加。因此,水泥搅拌桩28 d龄期的平均综合得分要高于其14 d龄期的平均综合得分,高出比例为11.2%。土体硬化剂搅拌桩也具有这样的特性,即28 d龄期的平均综合得分要高于其14 d龄期的平均综合得分,但其高出比例较小。掺量10%和13%的土体硬化剂搅拌桩28 d的平均综合得分高于其14 d的平均综合得分分别为0.5%和2%。由于土体硬化剂搅拌桩14 d龄期的综合得分已较高,因此说明土体硬化剂搅拌桩具有早期强度较高的特点。

3 [工程实例3]松江区泗泾镇朝晖路一号地块止水帷幕

1) 工程概况

该地块内筹建1幢14层高层住宅、1幢5层多层住宅及1座地下车库等附属建(构)筑物,总用地面积为6 855.1 m²,总建筑面积为15 459.0 m²。基坑深度为4.50 m~5.70 m,局部深坑落深0.95 m~1.45 m,基坑安全等级为三级,基坑东西侧环境保护等级为二级。南北两侧环境保护等级为三级。围护结构采用钻孔灌注桩+三轴搅拌桩止水帷幕+一道内支撑的围护形式。

2) 场地地质条件

拟建场地位于长江三角洲入海口东南前缘,属于湖沼平原I_2区地貌类型。场地地形较平坦,实测各勘探点的孔口地面标高为3.63 m~3.79 m,高差为0.16 m。

该拟建场地内的最大勘察深度为75.45 m,在此深度范围内揭遇的地基土均属第四纪沉积物。从其结构特征、土性不同和物理力学性质上的差异可划分为6层和不同层次的亚层,场地浅部地基土自上而下分布情况如下所述:

① 层填土,在场地内均有分布,层底标高2.09 m~1.42 m,平均厚度1.96 m,主要由黏性土夹少量碎石子组成,见贝壳碎屑及植物根茎,土质不均。

② 层灰黄~蓝灰色粉质黏土,在场地内均有分布,层底标高为0.85 m~0.28 m,平均厚度为1.14 m,很湿,软塑,高等压缩

性,含氧化铁条纹及铁锰质结核,土性自上而下渐变软,稍有光泽,无摇振反应,韧性中等,干强度中等。

③层灰色淤泥质粉质黏土,在场地内均有分布,层底标高 -2.72 m～-3.24 m,平均厚度 3.49 m,饱和,流塑,高等压缩性,含云母、有机质,稍有光泽,无摇振反应,韧性中等,干强度中等。

④1层灰色粉质黏土,场地内均有分布,层底标高-7.95 m～-10.23 m,平均厚度 5.88 m,很湿,流塑,压缩性高,含有机质,偶见泥钙质结核,稍有光泽,无摇振反应,韧性中等,干强度中等。

⑤2层灰色粉砂,场地西部有分布,从西向东逐渐尖灭。层底标高-11.06 m～-29.45 m,平均厚度 12.88 m,饱和,稍密～中密,中等压缩性,夹薄层黏性土,由长石、石英、云母等细小矿物颗粒构成。

浅部土层的主要物理力学性质如表 7-18 所示。

表 7-18 浅部土层的主要物理力学性质

层序	土层名称	层厚 (m)	重度 (kN/m³)	直剪固快(峰值)		渗透系数		静止土侧压力系数	无侧限抗压强度试验		
				C(kPa)	Φ(°)	K_v(cm/s)	K_h(cm/s)	K_o	q_u	Q_u	S_t
②	粉质黏土	1.14	18.2	16	13.5	2.06E-07	6.14E-06	0.64	46	23	2.0
③	淤泥质粉质黏土	3.49	17.9	13	11.5	4.58E-07	2.36E-06	0.55	45	19	2.3
⑤₁	粉质黏土	5.88	18.1	12	16.5	9.67E-07	4.95E-06	0.55	46	18	2.6

3) 试验方案

原位试验配比设计如下:

(1) 土体硬化剂掺量分别为 10%、13%、15%、20%。

(2) P·O42.5水泥固化剂掺量20%。

选取基坑南侧(避开局部深坑和挤密加固区域)采用 φ650@900三轴土体硬化剂搅拌桩围护进行加固处理。土体硬化剂与水泥固化剂对比试验,按固化剂掺量不同各分为4组,每组3幅三轴土体硬化剂搅拌桩,总共24幅,搅拌桩桩长为11.5 m。

4)成桩质量检验

(1)搅拌桩桩体质量指标

提出搅拌桩桩体质量指标(I_q)来反映水泥搅拌桩的完整性:采用108 mm直径的钻头回转钻进,对水泥搅拌桩进行连续取芯,回次钻进所取芯样中,长度大于或等于7 cm水泥土芯样段长度之和与该回次进尺L的比值,以百分数表示。

用直尺量取每节芯样长度l_i,按顺序记录(芯样长度小于7 cm的不需记录),并按下式计算搅拌桩桩体质量指标I_q值。

$$I_q = \frac{\sum l_i}{L} \times 100$$

表7-19 现场加固土芯样的状态鉴别和均匀描述

名称	固化剂掺量	水灰比	搅拌桩桩体质量指标I_q值
土体硬化剂	10%	1.5	26.3%
	13%	1.5	34.4%
	15%	1.5	37.8%
	20%	1.5	40.7%
水泥	10%	1.5	未取出芯样
	13%	1.5	未取出芯样
	15%	1.5	未取出芯样
	20%	1.5	31.5%

取芯结果表明,土体硬化剂固化土的取芯效果较好,取出的

芯样较为坚硬,但其中部分芯样在取芯过程中碎裂成小块;而水泥土搅拌桩取芯较为困难,取出的芯样用手捏很软,易变形,用力不大就能按成坑。

(2) 搅拌桩取芯强度

表 7-20 加固土和水泥土 28 d 抗压强度

桩号	部位	芯样高度(mm)	直径(mm)	修正系数 α	强度(kPa)	备注
1#土体硬化剂(10%)	上	125	87	1.14	314.15	5#、6#、7#水泥土搅拌桩取不出完整芯样
		124	85	1.14	286.42	
		105	86	1.07	340.72	
	中	124	89	1.13	272.51	
		125	86	1.14	292.50	
		116	87	1.11	298.85	
	下	126	85	1.15	492.47	
		127	90	1.13	420.46	
		117	88	1.11	408.75	
2#土体硬化剂(13%)	上	116	94	1.08	572.19	
		120	86	1.13	477.67	
		115	86	1.11	657.08	
	中	122	92	1.11	534.45	
		117	87	1.11	615.47	
		121	87	1.13	565.74	
	下	122	89	1.12	565.60	
		126	94	1.11	469.78	
		120	89	1.11	634.54	
3#土体硬化剂(15%)	上	120	92	1.10	852.20	
		118	89	1.11	744.48	
		107	90	1.07	877.58	

续表 7-20

桩号	部位	芯样高度(mm)	直径(mm)	修正系数 α	强度(kPa)	备注
3# 土体硬化剂(15%)	中	118	87	1.12	926.35	5#、6#、7# 水泥土搅拌桩取不出完整芯样
		117	85	1.12	948.50	
		109	89	1.08	758.38	
	下	108	95	1.05	773.14	
		109	92	1.07	646.70	
		106	90	1.06	909.19	
4# 土体硬化剂(20%)	上	118	89	1.11	883.99	
		108	93	1.06	1 006.44	
		106	89	1.07	1 078.60	
	中	118	90	1.10	1 070.43	
		114	89	1.09	920.28	
		116	91	1.09	918.93	
	下	107	90	1.07	1 150.21	
		105	95	1.04	1 088.20	
		116	89	1.10	865.34	
8# P·O42.5 水泥(20%)	上	116	88	1.11	420.40	
		113	94	1.07	441.15	
		121	87	1.13	367.01	
	中	115	91	1.09	481.27	
		118	88	1.11	450.79	
		129	86	1.16	374.13	
	下	120	89	1.11	479.75	
		117	90	1.10	381.01	
		120	88	1.12	474.53	

由表 7-20 的取芯强度可得出，试验土层中土体硬化剂的固化效果明显优于 P·O42.5 水泥。